我的野生邻居

MY NEIGHBORS IN THE WILD
INTELLIGENT BIRDS

灵动的鸟类

魏 丹 主编

SPM 南方传媒
广东科技出版社
全国优秀出版社
·广州·

图书在版编目（CIP）数据

我的野生邻居：灵动的鸟类 / 魏丹主编. —广州：广东科技出版社，2024.3
ISBN 978-7-5359-7744-1

Ⅰ. ①我…　Ⅱ. ①魏…　Ⅲ. ①鸟类—少儿读物　Ⅳ. ①Q959.7-49

中国版本图书馆CIP数据核字（2021）第194110号

我的野生邻居：灵动的鸟类

Wode Yesheng Linju: Lingdong de Niaolei

出 版 人：严奉强
项目统筹：区燕宜
责任编辑：区燕宜　王　倩
封面设计：柳国雄
责任校对：李云柯　邵凌霞
责任印制：彭海波
出版发行：广东科技出版社
（广州市环市东路水荫路11号　邮政编码：510075）
销售热线：020-37607413
https://www.gdstp.com.cn
E-mail: gdkjbw@nfcb.com.cn
经　　销：广东新华发行集团股份有限公司
印　　刷：广州市彩源印刷有限公司
（广州市黄埔区百合三路8号　邮政编码：510700）
规　　格：889 mm×1 194 mm　1/16　印张 15　字数 350
版　　次：2024年3月第1版
2024年3月第1次印刷
定　　价：88.00元

《我的野生邻居》书系策划

《灵动的鸟类》编委会

Preface 前言

广东位于中国南端，北倚南岭，南邻南海；地形地貌复杂多样，总体呈现北高南低的趋势；北部以山地为主，逐渐向南过渡为丘陵、平原；气候类型主要属于亚热带季风气候；水源丰富，水网密布，河湖众多。截至2023年，广东森林面积约953.3万公顷，森林覆盖率达53.03%。优越的自然条件和复杂多样的生态环境孕育了丰富的野生动植物资源。

鸟类作为环境监测指示类群，是生物多样性的重要组成部分。广东处于全球迁飞候鸟数量最多的一条通道——东亚—澳大利西亚候鸟迁徙线上，其众多的自然保护地、湿地等为鸟类提供了丰富多样的栖息地生境和旅途驿站。随着广东爱鸟行动的实施和人们护鸟意识的增强，越来越多的候鸟在这里停留。据统计，广东记录的鸟类种类近600种（候鸟400余种），其中，27种为国家一级保护野生动物，109种为国家二级保护野生动物，107种为广东省重点保护陆生野生动物。在这里，无论是城市还是乡村，我们都能真切地感受到鸟类与我们比邻而居，共同享受绿美广东的和谐自然。

国人自古爱鸟，《诗经》收集了西周初年至春秋中叶的诗歌，记录的鸟类就有30余种。我国现代观鸟活动首先从香港开始，香港观鸟会成立于1957年。内地观鸟活动从20世纪末期兴起，广东是户外科学观鸟活动的引领者和推动者。1997年，广州高校的教师队伍发起并带动了民间观鸟活动。2002年，在广东观鸟爱好

黄眉姬鹟

者的推动下，“中国鸟类记录中心”网站诞生，为国内的鸟类学研究和观测交流提供了平台。2003年，深圳成立了内地首个观鸟爱好者民间组织——深圳市观鸟协会。2023年，广东设立了全国首个省级鸟类环志监测总站，进一步推动了鸟类监测、研究和保护工作。

随着我国鸟类保护成效的不断提高，观鸟逐渐成为一种时尚活动。越来越多的公众来到户外，观察“飞羽”的美好、聆听“鸟语”的美妙，感受自然之美、生命之美、生活之美。同时，观鸟活动具有科学探索属性，其中的观察、辨别、记录和探究，是鸟类学研究的一部分，推动了鸟类学科的发展。

为了引导公众科学观察、系统了解身边的鸟类，在广东省林业局的组织下，多位林业工作者和观鸟爱好者联手策划并编写了《我的野生邻居：灵动的鸟类》一书。书中以生动的文字和视频详细介绍了广东分布的55种代表性鸟类，并对70种鸟类进行配图介绍和特征比较，特别介绍了25种鸟类栖息的植物。同时，精美的科学绘画和真实的生态图片相互映衬，力求让内容更生动形象。本书可作为中小学生的科普读物，也可作为鸟类科普人员、自然教育从业者、观鸟爱好者的参考资料。

本书从2019年5月开始筹划，历时五载才和大家见面，姗姗来迟，但诚意满满。在编写过程中，得到众多鸟类专家、观鸟爱好者、学校教师、鸟类摄影师和自然保护地工作人员的悉心指导；湛江市爱鸟协会、南岭国家级自然保护区、丹霞山国家级自然保护区、东莞市银瓶山森林公园、广州市白云山风景名胜区、肇庆星湖国家湿地公园、雷琼世界地质公园、广东珠海淇澳—担杆岛省级自然保护区、广州动物园、广东省博物馆、南越王博物院、红树林基金会（MCF）、南方航空股份有限公司工程技术分公司等单位也给予了专业的帮助。在本书付梓之际，表示衷心的感谢。此外，还要感谢参与本书编写的小伙伴们，正是大家的精诚合作和精益求精，才让这本书不断完善。

鸟类学是一门非常专业的学科，在鸟类分类方面，本书参考了郑光美院士主编的《中国鸟类分类与分布名录（第四版）》（2023年）；在鸟类居留型方面，参考了《广东省候鸟及迁徙通道保护行动计划（2023—2025年）》。由于编者水平有限，书中难免有错漏与不足，敬请广大读者不吝赐教、批评指正。

希望读者在阅读本书的过程中，能够感受到我们对自然的敬畏、对鸟类的热爱，并期待各位读者与我们一起探索和分享鸟类世界的奥秘。

编　者

2024年3月

CONTENTS 目录

Chapter 1

飞羽邻居的奥秘

Chapter 2

水上的游泳健将——游禽

Chapter 3

滩涂上的觅食者——涉禽

Chapter 4

击破长空的猎手——猛禽

Chapter 5

跃动的攀树高手——攀禽

Chapter 6

常驻地面的神行太保——陆禽

Chapter 7

枝头表演的歌唱家——鸣禽

Chapter 8

观鸟指南

Chapter 9

补充材料

浆果楝上的红嘴蓝鹊

Chapter 1

飞羽邻居的奥秘

黎明时分，鸟儿们用悦耳的歌声，唤醒了世间万物。

全球大约有1万种鸟类，其中有1 500余种在中国分布（中国特有种109种）。它们形态各异，各有所长，有的是飞行专家，有的是捕猎高手，有的是天生的歌唱家，有的是出色的舞蹈家。

鸟类具有极高的生态价值、科学价值和社会价值，在自然界发挥着至关重要的作用，维持着自然界生态系统的平衡。科学家们将鸟类作为生物学、生态学和仿生学领域的重要研究对象；艺术家们将鸟类作为艺术创作的灵感源泉。鸟类的形象还在诸多古代图腾、神话传说中出现，其作为古文明的信息载体承载着历史的印记。

广东位于华南地区，北回归线从中部穿境而过，境内包括中亚热带、南亚热带和北热带3种气候带类型，水网密集、林木繁茂，优越的自然环境为鸟类提供了理想家园。在这里，人们与鸟类比邻而居，一年四季都能看到它们在枝头欢唱、跳跃或自由翱翔的身影。

那你是否知道，鸟类有哪些特殊的身体结构？有哪些生态类型？是怎样养育后代的？为何要进行跨越山海的迁徙？所有的鸟类都能飞行吗？接下来就让我们一起走进它们的世界，去认识这些灵动多姿的飞羽精灵吧！

奇特的飞行结构

大多数鸟类都是飞行专家，信天翁一生飞行的距离超过600万千米，等于绕地球上百圈；高山兀（wù）鹫、大天鹅等大型鸟类飞行高度可超过9 000米，能飞越珠穆朗玛峰；游隼（sǔn）捕猎时飞行的极速可以达到每小时300千米。无论是耐力、高度、速度，鸟类在所有飞行动物中都是顶尖的。鸟类如此擅长飞行，得益于它们适合飞行的特殊身体结构，其中，它们宽大的翅膀、发达的胸肌、各具功能的羽毛、较轻的体重和特化的脏器都在飞行中起着关键作用。

1. 鸟类的身体结构

鸟类的身体结构与其他脊椎动物明显不同，其最突出的特点是前肢特化成翼，而翼这一特殊结构能让鸟类更好地完成飞行。鸟类的身体主要分为头顶、眼、额、喙（huì）（嘴）、喉、胸、腹、跗跖（fū zhí）、趾、爪、臀、腰、翼（翅膀）、背、颈、颊、枕、耳共18个部位，各部位形态特征的差别是区分鸟类的主要依据。

鸟类的身体结构

2. 腾空飞翔的关键

（1）提供升力的鸟翼。鸟类的翼由前肢特化而成，并覆盖羽毛，用于拍击空气提供升力，使鸟类能够自由飞行。长有羽毛的翼是鸟类与其他脊椎动物最主要的区别。

（2）“各显神通”的羽毛。羽毛是鸟类在现有生物中独有的神奇结构，对鸟类的飞行起着至关重要的作用。羽毛的结构、数量、形态也是鸟类学家对鸟类进行分类的重要依据。

羽毛主要包括飞羽、尾羽和覆羽，其功能各有不同。

飞羽羽毛粗长坚硬，有韧性，生长于鸟翼后缘，主要包括初级飞羽、次级飞羽和三级飞羽。飞羽随翅膀的拍打而整齐划一地挥动，拍击空气产生上升力。

尾羽羽毛粗长坚硬，如折扇扇叶一般可折叠或舒张，覆被于尾部。尾羽在飞行时像舵一样起控制方向的作用，故又称“舵羽”，在停栖时有平衡躯体的作用。有些鸟类雄性的尾羽特化，美丽夺目，可以起到重要的装饰作用，如孔雀。

覆羽羽毛较短小，覆被在飞羽和尾羽上方，主要包括初级覆羽、小覆羽、中覆羽、大覆羽、尾上覆羽和尾下覆羽。覆羽主要起遮盖及保护飞羽、尾羽的作用，可防止雨水打湿飞羽和尾羽。

除了这三类羽毛外，还有耳羽、翎羽和绒羽等其他类型的羽毛。

鸟类的主要羽毛结构

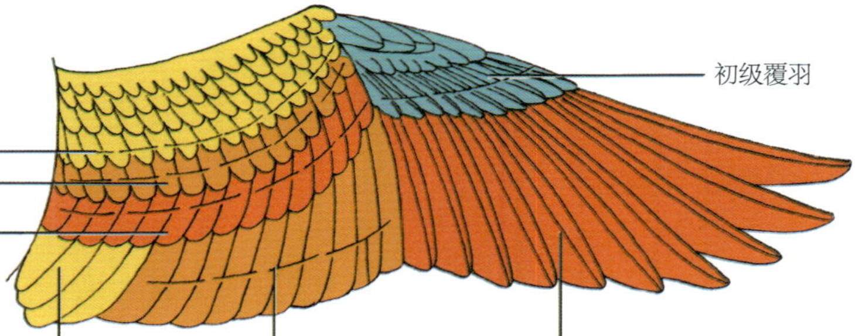

鸟翼的羽毛结构

红耳鹎停息时将飞羽和尾羽折叠

红耳鹎飞行时张开飞羽和尾羽

小档案 |

不会飞行的鸟

不是所有的鸟都能飞，如鸵鸟、鸸鹋（ér miáo）、企鹅等。它们的翅膀退化，取而代之的是奔跑或游泳的能力。

（3）轻盈坚固的骨骼。鸟类长骨中空，骨骼质量极轻，其中具有充气现象，多数密布气囊，形成了可以起到减震作用的网状骨小梁。上述特点使鸟类骨骼既轻巧又坚固，减轻了鸟的体重，使它们更容易腾空飞翔。

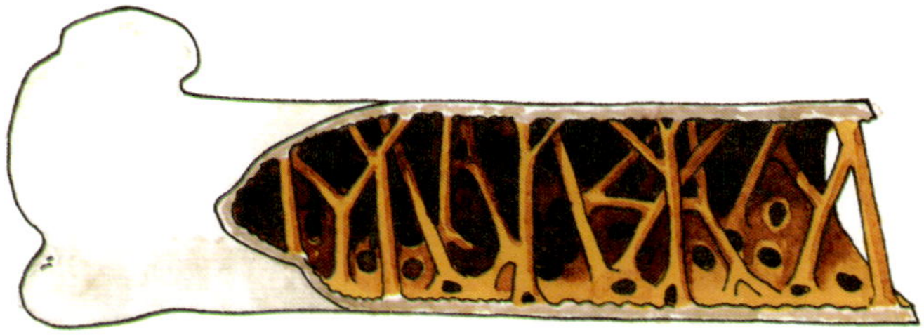

鸟类骨骼纵切

（4）松软的皮肤。鸟类的皮肤薄而松软，可以减少振翅过程中的肌肉束缚，有利于飞行过程中肌肉的运动。

3. 飞行的动力源

（1）强壮发达的胸肌。鸟类最大的两块肌肉位于胸部——胸大肌和胸小肌，这两块肌肉的重量之和占到整只鸟重量的25%～35%。这两块强大的肌肉分别控制翅膀下扇和扬起，是鸟类振翅飞行的驱动“引擎”。

黑鸢（yuān）发达的胸肌驱动翅膀拍打

（2）高效的双重呼吸。鸟类在飞行时剧烈振翅，需要消耗大量的氧气，为此它们进化出一种特殊的呼吸方式——双重呼吸。鸟类的体内拥有多个气囊，这些气囊可以像气球一样储存空气。鸟类每吸气一次，只有一部分空气会直接进入肺，剩下部分先储存在气囊，在呼气排出废气的同时，原先储存在气囊的那部分空气会进入肺部进行气体交换，因此鸟类一次呼吸之间，空气可以两次经过肺部进行气体交换，极大地提高了呼吸效率。双重呼吸使鸟类能更高效地利用空气中的氧气，满足其飞行时对氧气的需要。另外，气囊可以减轻鸟类体重，并且有利于其更快地散发体内的热量。

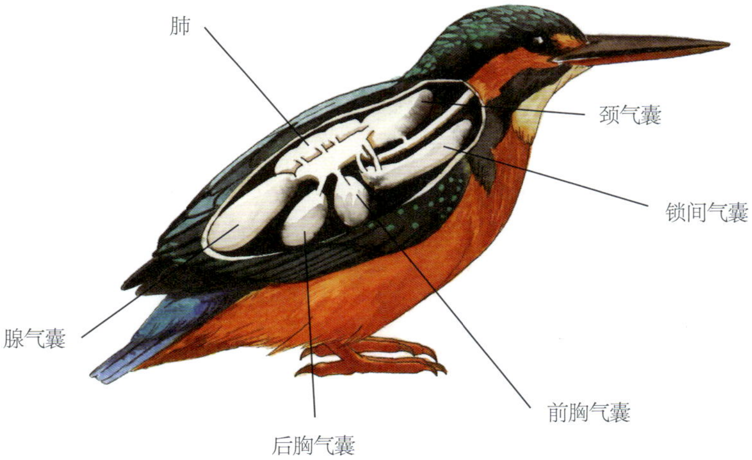

鸟类的气囊

小档案

鸟类都是直肠子？

鸟类为了让自己的身体变得更轻盈，连消化系统都简化了。它们的消化能力很强，消化过程十分迅速，同时直肠很短，不储存粪便，有利于减轻飞行时的负重。它们需要经常进食，也会经常排泄，因此我们常说鸟类是“直肠子”。

各具特色的家族分类

鸟类形态各异，各具独特的生活习性和生存技巧，有的善于潜水，有的善于滑翔，有的善于攀爬，有的善于在地面奔跑。人们按照鸟类生活习性和形态特点将其分为不同生态类群，广东分布有6个生态类群，即游禽、涉禽、猛禽、攀禽、陆禽、鸣禽。

游禽

形态◎大部分喙宽而扁平；脚短，趾间有蹼；绒羽丰厚

习性◎通常生活在水上，善于游泳及潜水

食性◎杂食性，以各种水生动物为食，也食水生植物

代表性类群◎雁、鸭、鸥

涉禽

形态◎大部分喙长、颈长、后肢长，趾间无蹼

习性◎通常在滩涂地中涉水捕食，不善游泳，善飞行

食性◎肉食性，以滩涂中的水生小动物为食

代表性类群◎鹭鸟、鸻鹬（héng yù）

猛禽

形态◎喙大且呈弯钩状；翼宽大；趾有锐利的钩爪

习性◎绝大多数栖息于森林中，常于空中翱翔，有些会在夜间活动

食性◎肉食性，主要以小型脊椎动物为食，也食腐肉

代表性类群◎雕、鸢、隼、鸮（xiāo）

攀禽

形态◎有4个脚趾，通常成两组合并，多为两前两后排列；尾羽羽轴强韧

习性◎在森林、悬崖或水边活动，善攀援

食性◎杂食性，主要以果实、昆虫或鱼类为食

代表性类群◎鹦鹉、啄木鸟、蜂虎、翠鸟

陆禽

形态◎翅短圆，后肢发达，脚趾强壮

习性◎通常在林下地面活动，善奔跑和挖掘，有些种类不善长距离飞行

食性◎杂食性，主要以昆虫、果实为食

代表性类群◎雉（zhì）鸡、斑鸠、竹鸡

鸣禽

形态◎形态多样、种类繁多，喉咙下方有鸣管，由鸣腔和鸣膜组成

习性◎生性灵敏，善鸣叫，通常白天活动

食性◎杂食性，主要以小型无脊椎动物、果实、种子为食

代表性类群◎鹎（bēi）、山雀、鹛（méi）等

尽职尽责的父母

鸟类为卵生繁殖，繁殖季产卵后进行孵化、育雏等，雏鸟需要亲鸟照料才能存活。多数的鸟类育雏都十分认真，可谓是尽职尽责的父母。

1. 搭建鸟巢

多数鸟类一年繁殖一窝，每次会产下一枚至数枚卵，也有的种类一次能产十余枚卵。为保证卵能顺利孵化，它们会搭建鸟巢来孵卵。不同鸟种搭建巢穴时在选材和结构上有所差异。大多数雀形目鸟类会使用树枝和草叶编制鸟巢；家燕、金腰燕等鸟类会使用唾液混合泥土来制作“水泥屋”；翠鸟、蜂虎和啄木鸟等攀禽会在土坡、树干上挖洞或凿洞筑巢，有些攀禽会在树洞和水管等处筑巢；有的鸟类，如缝叶莺等，还会做“针线活”，它们会用细草茎、蜘蛛丝等将树叶缝在一起制作鸟巢。

收集巢材

建筑巢穴

哺育后代

家燕筑巢繁育后代

黑水鸡的雏鸟属早成雏，孵化后可随亲鸟觅食

乌鸫的雏鸟属晚成雏，孵化后需要亲鸟喂养直到能够独立生存

2. 哺育雏鸟

刚从卵中孵化出来的鸟被称为雏鸟，根据新生雏鸟的身体条件和对亲鸟照顾的依赖程度，主要可以分为早成雏和晚成雏两类（表1-1）。大多数雏鸟会得到亲鸟的精心照顾，由亲鸟喂养，并学习飞翔、觅食等生存技巧，直到可以独立生存。

表1-1　雏鸟类型及介绍

雏鸟类型	身体特征	活动能力	代表性物种
早成雏	刚孵化时身体已长有绒毛，眼已睁开	可以独立活动，跟随亲鸟觅食	红原鸡、绿头鸭、秧鸡等
晚成雏	刚孵化时全身光裸，眼未睁开	无法独立活动，需要亲鸟喂养	麻雀、乌鸫（dōng）等

大杜鹃

小档案 |

模范父母中的异类——托管孩子的杜鹃

许多人听说过“鸠占鹊巢”这个成语，它描述了一种耐人寻味的自然现象。这里的鸠并非指斑鸠，而是指大杜鹃、噪鹃等杜鹃科的鸟类。它们会将卵产在“鹊”（一些中小型鸣禽）的巢中，让这些鸟类把卵孵化出来并把幼鸟养大。在这个过程中，杜鹃科鸟类的卵往往会先于寄主的卵孵出幼鸟，这些幼鸟出于本能，可能会将同巢穴中的其他卵或幼鸟推出鸟巢，直到整个巢穴内只剩下自己，这种现象被称为“巢寄生”。

出色的旅行家

根据鸟类是否迁徙的特点，通常将鸟类分为候鸟和留鸟两大类。候鸟指繁殖地和越冬地不在同一个地点，随着季节变动而进行远距离迁徙的鸟类；留鸟则是不进行长途迁徙的鸟类。

全世界有1万多种鸟类，候鸟约有4 000种，占全球鸟类种类近半数。它们会随季节更替进行长距离的迁徙，秋冬时飞往温暖的地方越冬，春夏时则返回原出生地繁殖后代，可称得上是出色的长途旅行家。目前已知迁徙距离最长的候鸟是北极燕鸥，每年迁徙的距离约4万千米。

夏候鸟——蓝喉蜂虎

冬候鸟——黑脸琵鹭

留鸟——鹊鸲（què qú）

广东典型的夏候鸟、冬候鸟和留鸟

红嘴鸥和红嘴巨燕鸥结成大群飞行

候鸟还可分为冬候鸟和夏候鸟，在广东，秋冬飞来、春夏北去繁殖的鸟称为冬候鸟，而秋冬飞走、春夏飞来繁殖的鸟则称为夏候鸟。春夏季节，能在野外观察到的鸟大部分是夏候鸟和留鸟，少量是还未迁徙的冬候鸟；秋冬季节则相反，多为冬候鸟和留鸟，少量为还未迁徙的夏候鸟。还有部分迷鸟（偏离正常分布区，迷路或改路线而偶尔出现在异地的鸟种）和过境鸟（迁徙过程中，暂时停留歇息的鸟）。

1. 集群的智慧

候鸟迁徙时，常会集群列队飞行，保持队形可以更高效地利用气流，从而节省飞行时的体力。通常体型较大的鸟类，如雁形目、鹈（tí）形目等鸟类会排成“人”字或者“一”字的队形；体型较小的鸟类，如鸻形目、雀形目等鸟类会形成封闭的大群，有时候甚至可以形成数十万只的巨型鸟群，十分壮观。大型的鸟群如同海中的沙丁鱼群，能为迁飞中的个体提供安全保障。在应对天敌、恶劣天气等突发状况时，较大的群体能为其中的每一个个体提供掩护，还能保障行进路线的正确，为迁徙途中的觅食、停歇等创造更好的时机。

2. 迁徙路线的坚守

候鸟每年随着季节变化在繁殖地和越冬地之间往返迁徙，经过成千上万年的演化，逐渐形成固定的迁徙路线。综合全球鸟类学家的研究结果，目前已知全球主要有9条候鸟迁徙路线（表1-2）。其中途经广东的有2条，即西太平洋迁徙线，以及候鸟种类和数量最多、最拥挤的东亚—澳大利西亚迁徙线。

表1-2　全球候鸟迁徙路线

序号	路线名称	路线行程	途经中国	途经广东
1	大西洋迁徙线	跨越大西洋，连接西欧、北美东部及西非狭长地带		
2	黑海/地中海迁徙线	跨越地中海，连接东欧与西非		
3	东非—西亚迁徙线	跨越印度洋，连接西亚与东非	√	
4	中亚迁徙线	南北贯穿整个亚洲大陆的中亚迁徙线	√	
5	东亚—澳大利西亚迁徙线	跨越印度洋、北冰洋和太平洋，连接东亚和澳大利亚大陆	√	√
6	美洲—太平洋迁徙线	贯穿南、北美洲太平洋沿岸		
7	美洲—密西西比迁徙线	贯穿整个南、北美洲中西部		
8	美洲—大西洋迁徙线	贯穿南、北美洲东部地区		
9	西太平洋迁徙线	环绕太平洋西部	√	√

生态平衡的维护者

1. 食物网的重要成员

鸟类在生态系统中起着重要的作用，是食物网中的重要成员。许多鸟类会捕食昆虫和小动物，使这些小型动物在自然界中的数量保持相对稳定。另外，自然界中许多中大型肉食动物如蛇类、猛禽、猫科动物等，都将鸟类作为它们的主要食物来源。如果鸟类的数量减少了，以鸟类为食的动物缺少食物，数量也会减少，会对食物网中的其他动物产生极大的影响。

2. 植物繁殖的小帮手

鸟类能够为植物繁殖与扩散提供帮助，是植物重要的种子传播者和花卉传粉者。一些植物能结出颜色鲜艳或味道可口的果实，吸引鸟类取食。果实中不易消化的种子被排出后传播到更远的地方扎根生长，种子搭着鸟儿这辆"顺风车"完成了"长途旅行"。一些喜食花蜜的鸟还是植物的传粉匠，它们在吮吸花蜜时，会将一朵花的花粉带到另一朵花上，无意中帮植物完成了传粉工作，使植物能够授粉结实，进而顺利繁殖后代。

3. 大自然的搬运工

一些水鸟还承担着将水中的营养物质转移到陆地上的任务，它们以水中的动植物为食，在岸上将残渣排出，把水中的养分和能量带到陆地，促进了自然界的物质循环和能量流动。

美丽的生态家园

想要观察到鸟类，首先需要了解它们的生活环境，沿海滩涂、红树林、为陆湖泊、岛屿、森林、林下溪谷、农田、城市公园等都是鸟类的家园。不同生态类群的鸟类喜欢不同的生境：

沿海滩涂

红树林

内陆湖泊

岛屿

（1）游禽、涉禽——沿海滩涂、红树林、内陆湖泊、岛屿等湿地区域。

（2）猛禽——视野开阔的区域，如森林、海洋、农田、岛屿的上空等。

（3）攀禽——森林、林下溪谷、城市公园等。

（4）陆禽——森林、林下溪谷等。

（5）鸣禽——森林、农田、城市公园等。

森林

林下溪谷

农田

城市公园

中华传统文化的灵感来源

现代鸟类起源于距今约8 700万年前，而现代人类出现在距今约5万年前，可以说鸟类见证了人类的诞生和发展。人类对鸟的认知过程是漫长且逐步深入的。从远古时期神秘的鸟图腾到现代以艺术作品展现鸟类的多样神韵，从古老的鸟崇拜到现代对鸟类的欣赏，都镌刻着人类对鸟文化的探索与缔造的印记。

1. 鸟类图腾

图腾是原始社会各氏族或部落的标志，图腾的形象通常为他们崇拜的自然事物，崇拜者大多认为崇拜之物与自己的氏族或部落有着血缘关系。鸟在图腾崇拜中是较为典型的案例，商朝以玄鸟为图腾，《诗经·商颂》中就有“天命玄鸟，降而生商”的动人传说。

古代南越国也以鸟类为图腾，在广州西汉南越王墓出土的文物中，出现了凤凰、朱雀、天鹅、猫头鹰等鸟类形象。朱雀作为传说中的四方神灵之一，主南方，在墓中出土的“朱雀屏风铜顶饰”，证明了当时朱雀的地位。同时出土的“羽人船纹铜提桶”，刻有水鸟和羽人，水鸟伫立船头，指引方向；越人身着羽毛，驾船航行，显示出南越国强大的海事力量。

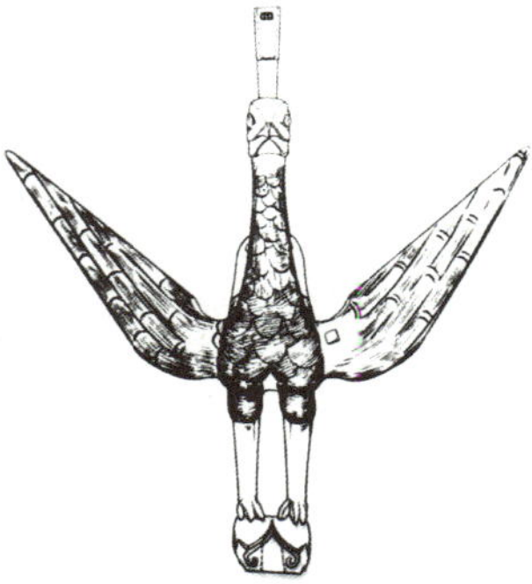
屏风上的朱雀（线图）

铜提桶的纹样展开

南越王博物院鸟类文物图案

2. 鸟类神话故事

在浩如烟海的神话故事中，鸟类形象也占据着重要的地位。填海的精卫鸟、翼若垂天之云的大鹏鸟、住在太阳中的三足乌、西王母的信使青鸟、为牛郎织女搭桥的喜鹊、仙人的坐骑仙鹤和浴火重生的百鸟之王凤凰等，都是人们熟知的鸟类神话形象。我国历代皇室贵族几乎都与凤凰有着密切关系，譬如，帝王之车称为凤辇（niǎn），帝王之伞称为凤盖，帝王用纸称为凤纸，皇后之礼冠称为凤冠，皇后的文书称为凤诏等。一些现实生活中存在的鸟类，在神话传说中也有记述，如喜鹊。传说每年农历七月初七，牛郎织女通过喜鹊搭桥跨越天河相见，鹊桥相会歌颂着坚贞的爱情，象征着人们对美好生活的向往。出土于成都金沙遗址的太阳神鸟金饰薄如蝉翼，灵动传神，犹如一幅现代剪纸。其图案采用镂空方式表现，内外分2层，内层周围等距分布12条旋转的齿状光芒，象征太阳；外层由4只鸟首足相接，呈逆时针飞翔，令人联想起“金乌负日”的美丽传说，这是古代先民对太阳崇拜的一种具体的表现形式。“太阳神鸟”也被选为中国文化遗产的标识图案。

汉·三足乌（画像石）

明万历孝靖皇后的凤冠

太阳神鸟金饰

在石刻和饰品中出现的神话鸟类

3. 文艺作品中的鸟

鸟儿在文学中具有重要的象征意义，或代表着自由的理想，或昭示着独立与解放，这些都能给人以巨大的精神鼓舞。古往今来，以鸟为题材的文学、绘画、音乐和舞蹈作品不胜枚举。

《诗经》中涉及鸟类的篇章众多，如大家所熟知的“关关雎鸠，在河之洲”，这里发出“关关”叫声的鸟儿，可能就是白胸苦恶鸟。从西汉到南北朝时期，文人热衷于以鸟为题赋诗抒怀，成就了不少传世佳作，如曹丕的《燕歌行》和司马相如的《凤求凰》。到了唐宋时期，各种鸟类形象也常见于唐诗宋词中，如杜甫的“两个黄鹂鸣翠柳，一行白鹭上青天”、白居易的“几处早莺争暖树，谁家新燕啄春泥”等。在近现代，也涌现出郭沫若的《凤凰涅槃》等诗歌佳作。

在我国传统绘画中，鸟类因其灵动身姿常成为画家表现自然之美和寄寓情感的载体。如国画中有一类“花鸟画”，其以花鸟为描摹对象，无论是宋徽宗的工笔花鸟，还是齐白石的写意花鸟，在他们的笔下，鸟类都是那么栩栩如生，充满灵气和生命力。此外，部分诗词中的鸟意象也被融入画中，形成诗意画或题画诗。

鸟类天生的好歌喉也使得许多音乐家为其着迷，更启迪了他们的乐思，从而创作了不少经典名曲。我国著名的音乐作品《空山鸟语》《百鸟行》和《百鸟朝凤》等都是受到鸟鸣的启迪而作。

鸟类翩跹的舞姿是舞蹈家们设计动作的灵感源泉之一。傣族的孔雀舞、白族的白鹤舞、哈尼族的白鹇舞等，都是模仿鸟类的动作而展示的优美舞蹈艺术。

4. 现代爱鸟文化

为保护鸟类，我国于1981年开始，将每年春季鸟类繁殖期的某一个星期定为“爱鸟周”，在此期间开展各种爱鸟宣传教育活动。由于我国幅员辽阔，南北气候不同，各地选定的爱鸟周时间也不尽相同。广东省的爱鸟周为每年的3月20日至3月26日。为了满足市民对鸟类的喜爱，广东省和广州市分别评选出省鸟和市鸟作为地方名片：广东省省鸟白鹇（1989年）、广州市市鸟画眉（1985年）等。

小档案 |

广东省特色及常见的野生鸟类

1. 广东省省鸟——白鹇。
2. 广州市市鸟——画眉。
3. 明星鸟类——黑脸琵鹭、勺嘴鹬、黄腹角雉。
4. 踪迹神秘的鸟类——海南鳽。
5. 空中常见猛禽——黑鸢、普通鵟。
6. 湿地常见鹭鸟——白鹭、夜鹭。
7. 湿地常见翠鸟——普通翠鸟。
8. 湿地常见秧鸡——黑水鸡、白胸苦恶鸟。
9. 林地常见鹎类——红耳鹎、白头鹎。
10. 林地常见拟啄木鸟——大拟啄木鸟。
11. 林地常见猫头鹰——斑头鸺鹠（xiū liú）。
12. 草地常见黑色鸟——乌鸫、八哥。
13. 草地常见斑鸠——珠颈斑鸠。
14. 灌木丛常见鸟类——长尾缝叶莺。
15. 住宅周边常见筑巢鸟类——家燕、珠颈斑鸠。

赤腹鹰在杉木上筑巢育雏

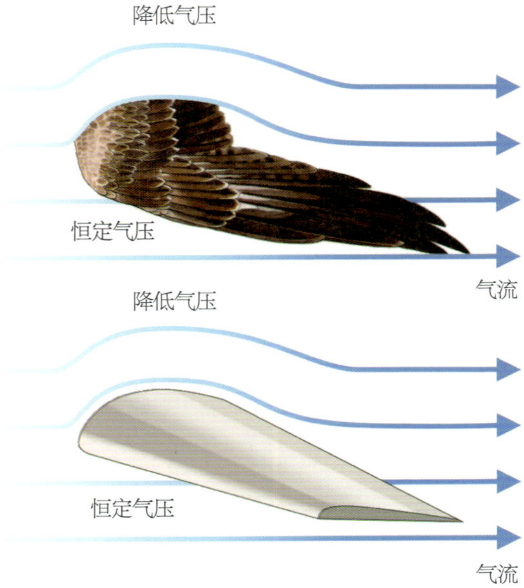

机翼仿照鸟翼（图为黑鸢）设计曲面，有效提供升力

鸟类与仿生学

鸟类作为飞行动物的代表类群，在长期的进化中形成独特的生理构造。这为人类的科技发展、发明创造提供了灵感，尤其是在仿生学领域。

仿生学是研究生物体的结构、功能和工作原理，运用这些原理发明出新的设备、工具，并将其应用于生产、生活或学习的学科。鸟类在仿生学中的贡献，最突出的就是在航空航天领域。鸟类的身体密度远大于空气，为了能翱翔天空，它们在长期的进化中形成很多利于飞行的生理构造。人类模仿鸟类的生理结构，发明了飞机，实现了飞上蓝天的梦想。飞机机翼则模仿了鸟类的翼面曲线，利用空气流过机翼的压力差产生托举自身重量的升力。科学家通过研究大型鸟类飞行，发现它们在飞行中展开翅膀向上偏折羽毛以减少阻力，从而实现远距离滑翔，并受此启发巧妙地发明了翼梢小翼，在新型客机上使用。另外，飞机机身模仿了鸟类的身体，普遍采用流线型设计，大幅度降低了空气阻力。飞机内部结构模仿鸟类中空的骨骼结构，采用低密度高强度的铝镁合金航空材料，减轻了机身重量，减少了油耗。

除飞行之外，一些习性特殊的鸟类类群也为不同领域的发明创造提供了灵感。如反复啄木却不会头晕的啄木鸟，其头部结构是防震头盔的灵感来源；远视能力极佳的猛禽，是电子鹰眼的灵感来源。

你还知道哪些鸟类的仿生学应用呢？

Chapter 2

水上的游泳健将——游禽

游禽是擅长在水面游弋的鸟类，足较短但具肉质脚蹼，善于游泳或潜水，在水面或水下寻找食物。

绿头鸭 *Anas platyrhynchos*

家鸭祖先善飞行

科目 | 雁形目 鸭科 **居留型** | 冬候鸟/过境鸟 **保护级别** | "三有"保护动物

雌雄二型喜集群

在广东的淡水湿地中，常能见到成双成对的绿头鸭在水面上悠闲地游着。这是一种广泛分布于欧亚大陆和北美洲的游禽，其身上有着显著的雌雄二型现象——雄性头颈部覆盖着醒目的绿色具金属光泽的羽毛；而雌性不展翅时，身上仅能观察到黑褐两色相间的斑纹，远不如雄性显眼。

在非繁殖期，绿头鸭常成群活动，每个鸟群有数十至上千只不等，有时也会和斑嘴鸭等其他鸭类混群。每年3—6月是绿头鸭的繁殖期，它们会在这时求偶，常成对在水域附近的草丛等隐秘处筑巢。雌性绿头鸭会在巢中产下7～11枚卵，经过约25天的孵化后，幼鸭破壳而出。雏鸟体色似雌鸟，可以更好地隐藏在河岸的水草丛中，出生不久就可以跟随雌鸟一起活动，随着成长，羽毛会渐渐变得花哨。

野鸭食谱似家鸭

绿头鸭是世界上大部分家鸭的祖先，因此常被称为野鸭。绿头鸭和家鸭一样属杂食性鸟类，湿地中水生植物的叶、芽、果、种子在它们的食谱中占比较高，甲壳动物（虾、蟹）、软体动物（贝类）、环节动物（蚯蚓等）和昆虫等无脊椎动物也是它们喜爱的美食。在秋冬季食物相对匮乏时，绿头鸭也会来到河岸上觅食。

雌性绿头鸭

雄性绿头鸭

水空两栖成绩佳

绿头鸭是游泳健将，得益于其尾部的尾脂腺——一种能够分泌油脂的腺体，它们会将这些油脂涂抹覆盖在羽毛上，借此达到使羽毛防水的效果，从而能轻松惬意地在水中活动。绿头鸭还非常擅长远距离飞行，是名副其实的飞行高手，迁徙时，单次飞行可以持续数千千米，飞行高度可达6 400米，最高飞行速度可达110千米/小时。

绿头鸭夫妻

小档案 |

谁是家鸡的祖先？

家鸭的祖先是绿头鸭，那家鸡的祖先又是谁？在广东，家鸡一般被认为是由野外生活的红原鸡（*Gallus gallus*）驯化而来。红原鸡属于陆禽，外形与家鸡较为相似，但运动能力更强，擅奔跑，也能短距离飞行，目前在广东省分布范围较小，主要在粤西、粤北地区的云开山国家级自然保护区和同乐大山省级自然保护区有记录。平时它们行踪隐秘，需要依靠红外相机才能记录下它们的身影。它们数量稀少，已被列为国家二级保护野生动物。

红原鸡（雄性）

斑 嘴 鸭 *Anas zonorhyncha*

黄斑嘴巴绅士鸭

科目 | 雁形目 鸭科　**居留型** | 冬候鸟/留鸟　**保护级别** | “三有”保护动物

显眼黄斑得名号

斑嘴鸭展露紫色的翼镜

斑嘴鸭和绿头鸭同为家鸭祖先，这两种是广东较常见的野鸭。二者体型相似，食性相似，都喜欢在水草丰茂的湿地生活。

斑嘴鸭身上最为显眼的特征，当属它颜色鲜艳的嘴。它们的嘴大部分呈黑色，但最前端有一块亮丽的黄斑，在繁殖季节，黄斑尖端还会出现一枚黑斑，十分花俏，“斑嘴鸭”一名即来源于此。此外，该物种还有花嘴鸭、火燎鸭和黄嘴尖鸭等俗称。

斑嘴鸭群在高空飞行

斑嘴鸭及其幼鸟

格子衬衫绅士范

斑嘴鸭两性外观相似，仅凭借羽色难辨雄雌。它们头顶及眼周均有近黑色斑纹，羽色以深褐色为主，翅膀上的花纹略显繁杂，大体呈棕黑色，每一根飞羽外围都长着一圈白色细毛。当它们翅膀收起时，远远看去就像身着棕色的格子衬衫。它们是爱干净的鸟类，常在水中和陆地上梳理羽毛，悠然的姿态好似英国的老牌绅士。当斑嘴鸭展翅时，其翅后端会显现一块蓝紫色具金属光泽的斑纹，这块被称作“翼镜”或“翅斑”的斑纹在许多鸭类身上都有出现，一些资深观鸟人士能依据翼镜颜色和形状来快速分辨野鸭的种类。

绒草筑巢水岸边

广东的斑嘴鸭有留鸟，也有冬候鸟，在5—7月的繁殖季节，它们会于海岸、湖泊、河流等水域岸边的草丛或石缝间营巢。鸟巢主要由草茎和草叶构成，产卵后亲鸟会从身上拔下绒羽垫于巢的四周，外观甚为精致。斑嘴鸭每窝产卵8～14枚，孵卵由雌鸟负责，孵化期约24天。雏鸟孵出后不久就能游泳，跟随亲鸟活动和取食，属于早成雏。

小鸊鷉 *Tachybaptus ruficollis*

小巧机警潜水员

科目｜鸊（pì）鷉（tī）目 鸊鷉科 **居留型**｜留鸟 **保护级别**｜“三有”保护动物

缓慢浮游尖嘴鸭

水塘、水库、湖岸及滨海湿地等水体或水陆交界处往往是观察水鸟的优质地点。在这些地方，常能看到一种小巧的水生鸟类，外形好似棕色的小鸭，它们在水面上缓速游动时，远远望去仿佛一只只漂流的灰纸船。它们就是小鸊鷉，是我国南方最常见、体型最小的鸊鷉家族成员。虽然小鸊鷉外形远观似鸭，但仔细观察会发现它们其实和鸭子区别很大，不仅体型更小，嘴也更短且尖锐，和鸭类扁平的嘴有明显区别。

捕捉猎物

小鹏鹛幼鸟

小鹏鹛幼鸟伏在妈妈（繁殖羽）的背上

潜水能手好本领

只要你在岸边耐心观察一段时间，就不难发现这种鸟有一种特别有趣的行为——它们在巡游时会突然扎进水下，即使你环顾整片水域也不见其踪影，但只要屏气凝神等候一会儿，这“淘气”的小鸟又会在水面的另一头猛然冒出来，像是在和你玩捉迷藏！实际上，它们的这种行为是为了躲避天敌或者捕捉食物。作为水鸟中的潜水高手，它们通常潜水时长为35～45秒，可潜行至10米左右，凭借这项本领，它们能够在水中长时间地寻觅鱼虾、小虫等食物。另外，它们起飞前在水面上的助跑，像极了“轻功水上漂”的武林高手。

鸊鷉筑巢求偶

漂浮摇篮芦苇下

小鸊鷉一生都不远离水，甚至在它们还是一枚卵时就开始了漂浮生活。繁殖季节，小鸊鷉成鸟会在水草丛中收集树枝、草茎等，用这些材料筑成一个木筏般浮于水面的巢，卵就在这漂浮的巢上。这种巢看似不牢固，但其实它的水下部分早已被成鸟固定在芦苇等水草之上，并不会漂得太远。小鸊鷉是非常称职的父母，它们轮流孵卵，小鸟出壳后，亲鸟会不辞劳苦地给幼鸟喂食，还会让它们到背上歇息，驮着它们游来游去。受惊或遇到危险，亲鸟还会把幼鸟挟在翼下潜入水中。

红嘴鸥 *Chroicocephalus ridibundus*

冬日精致旅行者

科目 | 鸻形目 鸥科 **居留型** | 冬候鸟/过境鸟 **保护级别** | 广东省重点保护陆生野生动物

水面觅食

换上繁殖羽的红嘴鸥

分布广泛食性杂

在我国，红嘴鸥是一种较常见的鸥类，全身羽毛仅有黑、白、灰三色，唯独嘴巴和脚呈鲜艳红色。在繁殖季，它的头部羽色会变为黑褐色，就像戴上了一顶黑色头套。这一身虽不华丽，但充满“个性”的配色，让红嘴鸥拥有了“黑头鸥”和“水鸽子”的昵称。红嘴鸥是一种广泛分布的鸟类，足迹遍布半个地球，在整个欧亚大陆和非洲部分地区都有机会见到它们。不同季节，它们会按自己对食物、气候和繁殖的需求迁移到不同的栖息地生活。夏季，红嘴鸥在欧亚大陆的北部地区繁殖；冬季，它们则会南下到我国的黄河以南地区越冬。

红嘴鸥对于食物并不挑剔，水中的鱼虾、陆上的小虫、植物甚至人类的厨余垃圾都在红嘴鸥的食谱之中，这样的习性让它们拥有很强的适应能力，可以在不同的环境生活。

在越冬地集群活动的红嘴鸥

长途飞行冬季达

每年冬季迁徙时，红嘴鸥会成群结队地出发南下越冬，这时在广东的沿海湿地常能看到它们在水面搜寻鱼类的身影。红嘴鸥与市民比较亲近的地方，不得不提深圳湾公园了。在这里，你能近距离一睹红嘴鸥的曼妙身姿和人与自然和谐相处的美好画面。不过，中国最壮观的红嘴鸥越冬群需要到云南的昆明地区才能观察到。昆明滇池区域是国内知名的红嘴鸥观赏地点之一，每年冬天都会吸引约4万只从西伯利亚等地远道而来的红嘴鸥，直至次年3月左右，这些候鸟才会踏着春光从昆明出发，踏上返回蒙古国、西伯利亚及俄罗斯等地繁衍生息的漫长旅程。

投喂鸟类问题多

对人类而言，近距离的投食使人类与鸟类近距离接触，会增加野生动物疾病传播给人类的风险。对生态系统而言，投喂的面包、蛋糕、水果等食品残渣大量进入水体会导致水体富营养化，进而可能破坏生态平衡。

为此，国家明确要求：禁止在候鸟迁徙停歇地及越冬地随意进行投食和补饲，避免人为因素致使鸟类滞留或延期迁徙。所以，当我们看到这些飞越千里而来的美丽精灵时，应该在观赏的同时保持距离，做到不影响、不打扰。

小档案｜

投喂鸟类可能产生哪些问题?

在红嘴鸥的越冬地，我们常会见到有人给红嘴鸥等水鸟投食。很多人喜欢给野生鸟类投食，或是为了体验与鸟类互动的乐趣，或是出于帮助饥饿鸟儿的善心。但想必小伙伴们不知道的是，不恰当投喂野生鸟类会导致许多问题。

①人类常食用的面包等食物的成分并不适合鸟类，吃多了会导致鸟儿体重异常、营养不良甚至死亡。

②变质的食物可能会导致鸟类的肺部或肠道出现疾病，影响鸟类健康。

③有些鸟类无法分辨食物和食品包装，可能会导致误食塑料包装而影响健康。

④给鸟类投食会改变鸟类的食性与觅食行为，甚至会让鸟类逐渐丧失独立觅食的能力。

普通鸬鹚 *Phalacrocorax carbo*

鸟中渔夫披黑衣

科目｜鲣(jiān)鸟目 鸬（lú）鹚（cí）科 **居留型**｜冬候鸟/留鸟 **保护级别**｜“三有”保护动物

戏水

普通鸬鹚具弯钩状的喙

身披黑衣晒日光

在冬季，广东沿海的滩涂湿地常能看到一种黑色大鸟的身影，它们有尖端具钩的长喙，面部裸露的皮肤呈鲜艳的黄色，常集群站在能被阳光直射的石块、渔船或者近岸树上。这种大鸟就是普通鸬鹚，在全国均有分布，在南方多为冬候鸟，在北方则多为夏候鸟。

在海岸边经常可以看到鸬鹚站在水边晾晒翅膀的场景。这是因为普通鸬鹚缺少多数水鸟所具有的可以分泌油脂的尾脂腺，羽毛防水性差，常会湿透，因此需要花费许多时间在岸上晾晒羽翼。这种晒翅膀的行为，在古人看来甚是悠闲，因此在诗人陆游的笔下就有了“鸬鹚闲似我，日暮立清滩”的诗句。

踩水起飞

捕鱼利器全身装

普通鸬鹚最喜爱的食物是各种鱼类，因此，它们身上演化出多种“捕鱼利器”。尖端具弯钩的长嘴如同一把巨大的钳子，可以帮助它们牢牢抓住水下的鱼；脚趾间具发达的蹼，有助于它们在水中快速移动；另外，可在潜水时闭合的鼻孔，能帮助它们延长潜水时间，潜到较深的水域去捕鱼。这些卓越的捕鱼技能让普通鸬鹚赢得了“鸟中渔夫”的美誉，又因外形与猛禽相似，被人冠以“鱼鹰”的外号。

渔夫捕鱼好伙伴

早在两千年前，就有渔民发现普通鸬鹚不仅擅长捕鱼，还能够被驯化，于是便开始训练它们作为捕鱼的帮手。渔民捕鱼时，会让普通鸬鹚站在船舷上，进行潜水捕鱼，等它那可以暂存鱼的喉囊装满后，渔民便将鱼挤出。待普通鸬鹚完成工作，渔民还会分一部分鱼给它们作为辛勤劳动的奖励。第五版20元人民币的背面，就印着渔夫鸬鹚图，这张图描绘了广西桂林漓江流域农夫和鸬鹚在渔船上劳作的情景。随着科技的发展和人们保护动物意识的增强，这种古老的捕鱼方式已经逐渐消失，现在很少看到人们与这些捕鱼伙伴并肩作战了。

Chapter 3

滩涂上的觅食者——涉禽

涉禽是在滩涂湿地涉水活动的鸟类，多数具有颈长、腿长、喙长的特点，大部分是从水底、淤泥中获得食物。

白胸苦恶鸟 *Amaurornis phoenicurus*

关关叫声水草藏

科目｜鹤形目 秧（yāng）鸡科 **居留型**｜留鸟 **保护级别**｜“三有”保护动物

穿越田间小路

田间觅食白腹秧

在刚插秧的水稻田附近，有大量水鸟喜欢的昆虫、蠕虫和软体动物等动物性食物，种子和叶茎等植物性食物，以及可供鸟类隐蔽与栖息的茂盛秧苗，因此吸引了一些小型涉禽在此居住活动，人们为这些鸟类取名"秧鸡"。秧鸡科鸟类大多为中等体型，有着较小的头、尖细的嘴巴和细长的腿，身体轻巧、脚趾细长，在湿软的沼泽地中也能健步如飞。白胸苦恶鸟就是秧鸡的一种，由于面部及颈前部直至腹部羽色呈白色，也被称为白腹秧鸡或白面水鸡。

水草深处诉苦声

在南方省份的水岸边或红树林中，偶尔在清晨或黄昏会传出一阵连贯而高频率的叫声——"苦恶，苦恶"，能连续叫上十几分钟不停歇，非常吵闹，甚至有些刺耳，似是在诉苦，这就是白胸苦恶鸟的叫声。它们鸣叫时常躲在水草丛中或红树林里，虽然叫声高亢，却极少露面，踪迹难寻。白胸苦恶鸟"苦大仇深"的鸣叫声可能在人类听来不太悦耳，却是其族群里传情达意的优美曲调。雄鸟常在繁殖期的晨昏时分鸣叫，以此向附近的雌鸟表达自己的求偶意愿。在寻得配偶后，它们会形影不离地在湿地中活动、觅食。

白天活动胆较大

大多数秧鸡偏好在晨昏活动，行踪隐秘。白胸苦恶鸟却是其中较为大胆的异类，在白天也会活动、觅食。比起其他秧鸡喜欢隐藏在水草丛中，它们会更频繁地在水边的开阔地露面，有时人们也会在湿地周边的公路上看到它们。

它们对领地的捍卫意识很强，如果有同种鸟类来挑衅，它们会奋力驱赶，毫不含糊。

鸣叫示威

动作挑衅

争夺领地

反嘴鹬 *Recurvirostra avosetta*

嘴巴反长（zhǎng）巧觅食

科目 | 鸻形目 反嘴鹬科 **居留型** | 冬候鸟/夏候鸟/过境鸟 **保护级别** | 广东省重点保护陆生野生动物

小巧灵活鸻和鹬

在我国南方冬季的滨海滩涂湿地上，常能见到许多灵活的中小型涉禽集群活动，它们大多属鸻形目的鸻鹬类。鸻鹬类一般具腿长、尾短的特点，常迈着大长腿在泥滩和浅水中快速跑动，或在海岸边短距离飞行。鸻鹬类一般集群生活，白天活动，以水下和淤泥中的底栖动物为食；性格敏感，一有动静就会快速起飞，很难靠近观察。

细长反嘴作用大

在鸻形目中，有许多鸟类都长着形态别致的喙，反嘴鹬就是其中的代表。如果用望远镜观察反嘴鹬，第一眼就会被那外形奇特的黑嘴巴吸引——它的嘴细而长，末端上翘，和其他鸟类鸟喙方向相反，因而得名“反嘴鹬”。虽然这张嘴看起来奇怪，却有奇妙的作用。反嘴鹬利用小撬棍一般的嘴巴在淤泥中快速搜寻猎物，轻松地将其从淤泥里撬出来。这样奇特的嘴巴还能翻开底栖动物藏身的泥沙洞和石块，是觅食的高效工具。

外形各异鹬家族

反嘴鹬有许多近亲，它们被统称为“鹬”，分属鸻形目的反嘴鹬科、蛎鹬科、鹬科等几个家族，均为中小型涉禽，同时也是涉禽中种类和数量最多的一个类目。除了下一小节将要介绍的勺嘴鹬，鹬类家族中还有蛎（lì）鹬、鹮（huán）嘴鹬、彩鹬、中杓（sháo）鹬和翻石鹬等形态各异的种类。形状各异与长度不同的喙是其功能（觅食、梳理羽毛、筑巢、挖洞等行为）和适应各种生存环境的结果。不同喙形的鹬类，通常取食不同的食物，这样就避免了因食源相同而导致资源竞争，因此它们可以在同一片滩涂上和睦共处，这是它们的生存智慧。

滩涂觅食

滩涂降落

上翘的嘴

反嘴鹬集群飞行

涉禽

勺嘴鹬 *Calidris pygmaea*

滩涂稀客勺子嘴

科目｜鸻形目 鹬科 **居留型**｜冬候鸟/过境鸟 **保护级别**｜国家一级保护野生动物

沙滩觅食

腿上的环志

小巧别致勺子嘴

看到“勺嘴鹬”这个名字，你或许已经猜到它最显著的特征——鸟喙最前端向两边延伸构成了一个勺子的形状，像是一把纯黑色的小勺子，非常特别。它的觅食方式和黑脸琵鹭相似，会把扁平的喙插入滩涂的淤泥中，左右快速地摇晃脑袋，翻找泥滩中的贝类和甲壳类动物。勺嘴鹬在取食不同食物时，形状独特的喙也能发挥不同的作用，是一件灵活实用的“餐具”。

袖珍朴素难辨寻

在野外实地观察时，勺嘴鹬体型很小，体色也并不鲜艳，上体覆盖有灰白相间的大块鳞状斑纹，下体几乎为白色。它的身上几乎没有易于辨识的色彩，勺状的喙也因较为短小而不易被察觉。许多观鸟者常在整理鹬群照片时，才发现其中混入了一只或数只小巧的勺嘴鹬。

极度濒危需保护

勺嘴鹬是全球极度濒危的鸟类之一，2008年被列入世界自然保护联盟（IUCN）濒危物种红色名录最高濒危等级——极危。它们繁殖于西伯利亚东冻原地带，由于全球气候变暖及繁育地、经停地、越冬地的环境变化，使得勺嘴鹬在8 000千米的超长途迁徙路线中困难重重。

据2014—2019年的数据估算，全球勺嘴鹬数量约773只。红树林基金会（MCF）2022—2023年统筹勺嘴鹬全球同步调查，结果显示约600只。全球勺嘴鹬数量呈下降趋势。江苏盐城是勺嘴鹬重要的经停地，广东湛江、福建泉州等是它们在国内重要的越冬地。我国已经把勺嘴鹬列为国家一级保护野生动物，并在其经停地和越冬地划定保护区，但长距离迁徙的习性决定了它们的生存与繁衍需要其迁飞路线上各国政府和人民的一同守护。

小档案 |

鸟类环志

在上一页勺嘴鹬的照片中，可以看到它的脚上有一个带有标记的“脚环”，这是鸟类研究所用的“环志”。鸟类环志由来已久，是世界上用来研究候鸟，特别是极度珍稀鸟类迁徙动态及其规律的一种重要手段。环志最早在19世纪被鸟类学家所使用，这个带有记号的环志，能够让鸟类学家和观鸟者辨识鸟类个体。通过不同地区观鸟者的记录，就能知道该个体曾在哪个时刻到过哪个地区，从而还原鸟类的迁徙规律。同时，环志还可以用以推测鸟类的年龄、种群大小和它们的生存情况等。

黑脸琵鹭 *Platalea minor*

黑脸白衣琵琶嘴

科目 | 鹈形目 鹮科 **居留型** | 冬候鸟/过境鸟 **保护级别** | 国家一级保护野生动物

迁飞中的黑脸琵鹭群

琵琶大嘴是贵宾

随着每年晚秋第一波寒潮的到来，珠三角沿海的红树林湿地就会迎来一群“贵客”，它们外形独特、数量稀少，让众多的鸟类爱好者翘首以盼。这种让无数观鸟者魂牵梦萦的鸟就是黑脸琵鹭，是国家一级保护野生动物，也是东南沿海湿地的明星鸟类。黑脸琵鹭的嘴扁平，末端膨大犹如一把巨大的黑色勺子，也很像中国的传统乐器琵琶，故得名“琵鹭”。

鸟类学家和观鸟爱好者为了估算它们的种群数量，会在每年的冬季约定一个时间（通常为1月的某天）开展全球同步调查。通过将亚洲东部沿海各地记录到的个体数相加，便可以大致算出它们的现存种群数量。从1994年起，黑脸琵鹭全球同步调查由香港观鸟会统筹进行，最初只记录到300只左右，2024年调查结果显示，黑脸琵鹭数量已经上升到6 988只。黑脸琵鹭种群数量的增加，与其繁殖地和越冬地环境的改善及人类干扰的减少有直接关系，这是迁飞区国家和地区通力协作及精心保护的结果。

觅食

摇头晃脑忙赶海

海水退潮时，很多水生小动物会被困在潮间带的淤泥和礁石中，周围的渔民会趁此时来滩涂捡拾贝类和虾蟹等海产，这种活动被称为“赶海”。聪明的黑脸琵鹭经常会伙同苍鹭、大白鹭、白鹭等在同一片海滩进行“赶海”。黑脸琵鹭体型大，食量大，觅食时会将像勺子一样的嘴巴插到水下的淤泥里，并大幅度左右摇晃脑袋，像是在“扫雷”，看起来十分笨拙滑稽，扫出的“战利品”都是它们最爱吃的鱼类、贝类和甲壳类等生物。

小档案｜

全球鸟类同步调查

全球鸟类同步调查是指在同一时间段内，为统计全球不同区域分布的鸟类种类和数量而进行的活动。该调查可以为评估鸟类生境恢复和保护工作成效提供科学依据，也为汇聚保护力量提供重要契机。黑脸琵鹭和勺嘴鹬就是采用这种方法进行调查统计。

涉禽

夜 鹭 *Nycticorax nycticorax*

水边钓客夜行者

科目 | 鹈形目 鹭科 **居留型** | 留鸟/夏候鸟/冬候鸟 **保护级别** | 广东省重点保护陆生野生动物

夜鹭亚成鸟从大花美人蕉上飞过

昼伏夜出鬼祟鹭

在我国华南和华东地区的许多江河、溪流、水塘附近，生活着一种行为鬼祟的鹭鸟。这种体型中等的鹭鸟白天一般藏身于茂密的丛林中，夜晚、清晨或傍晚才来到浅水处觅食。与其他鹭鸟不同，“昼伏夜出”的习性使它们被称为夜鹭，有些地区还会把它们叫作夜鹤或夜游鹤。

夜鹭雌雄同型，但成鸟与亚成鸟外观有一定差异，成鸟头顶、后颈和背部羽毛呈灰蓝色，下身及腹面则为灰白色，枕部有两条白色丝状羽，另有鲜红色的虹膜，较易辨认。亚成鸟全身羽毛棕褐色，喙基部呈黄绿色，还有许多白色纵纹和斑点分布其间，常常被误认为绿鹭或池鹭等其他鸟类。

灵巧脖颈藏不露

夜鹭在休憩或是等候猎物“落网”的时候，常把颈部缩起，看起来像是个没有脖子的驼背小老头。实际上，作为鹈形目鹭科的一员，夜鹭和其他鹭鸟一样拥有相当灵活的脖子，在停息时缩起脖子可能是为了节省体力，也可能是为了更好地隐藏自己。

闲钓江鱼蓑笠翁

夜鹭虽然看起来不太聪明，但它的适应能力很强，而且很机灵，不仅掌握了常规的捕鱼手法，甚至还拥有鸟类不常见的“钓鱼”技能，是城市周边最常见的鹭鸟之一。夜鹭是怎么“钓鱼”的呢？它们会将鱼儿爱吃的野果扔在近岸的水面，作为鱼饵引诱鱼类进入自己的攻击范围，再利用自己修长的脖子和尖利的喙迅速将鱼儿捉住。估计鱼儿做梦也想不到，居然有鸟类会用如此高明的方式捕捉自己吧。

池鹭 *Ardeola bacchus*

变装王者立水面

科目 | 鹈形目 鹭科　**居留型** | 留鸟/冬候鸟/过境鸟　**保护级别** | 广东省重点保护陆生野生动物

轻盈多变小鹭鸟

池鹭常栖息于池塘、稻田和沼泽等水草丰茂的地方，是一种体型较小的鹭鸟。小巧的身材换来了池鹭轻盈的身姿，它们捕猎时甚至可以站在荷叶上，把对水中猎物的惊扰程度降到最低。

池鹭站在荷叶上

池鹭的体色较为多变，亚成鸟、繁殖期和非繁殖期的羽毛颜色都有所不同。繁殖期头及颈部呈栗红色，脑后还会长出几根修长的冠羽，较易识别；亚成鸟体色暗淡，花纹杂乱，能更好地隐藏于环境中；成鸟非繁殖期与亚成鸟较为相近，站立时具褐色纵纹，飞翔时会展露出白色的飞羽和尾羽，与体背的褐色覆羽对比鲜明。

池鹭在杉木上筑巢哺育后代

城市池塘常住民

池鹭对栖息地的面积大小没有太高要求，城市中大大小小的池塘都可以成为其理想的栖息地。由于池鹭在这些狭小的水域中能找到足够果腹的鱼虾、昆虫和软体动物，加上不太惧怕人类，因此它们成为我国南部和东部城市最常见的鹭鸟之一。

错峰觅食好亲戚

在城市生活的人们为了避开车流和人流，会尽量选择在人少的时间段出行，称作“错峰出行”，这是人类的生活智慧。部分鸟类在生存竞争中，也衍化出了类似的生活方式，比如夜鹭和池鹭。夜鹭和池鹭都喜欢栖息在城市周边的湿地，它们都以鱼类为主食，但夜鹭多在夜间出没，池鹭则更倾向于在白天活动，它们似乎达成了良好的默契，常在同一片水域“错峰出行”，巧妙地避免物种间的竞争。

牛背鹭 *Bubulcus coromandus*

耕牛背上守望者

科目｜鹈形目 鹭科　**居留型**｜留鸟/冬候鸟/过境鸟　**保护级别**｜广东省重点保护陆生野生动物

牛背鹭在
水稻田中觅食

牛背上的乘客

在我国农业搭上科技进步的快车前，在南方山地丘陵地区，农民的最佳帮手是水牛和黄牛。憨厚沉稳的牛儿除了与人类为伴，身边还常有另一位伙伴——牛背鹭。它们常会驻守在牛儿身边，有时也会站在牛背上，因而得名。

牛背鹭体型不大，脖子比其他鹭鸟粗短，非繁殖期浑身羽毛近乎纯白色，到每年4—7月的繁殖期，其头、颈、胸部的羽毛会转变为淡黄或鲜黄色，腿脚、嘴基及面部裸露的皮肤均由黄白色转为粉红色。“黄头鹭”这一俗称也来源于其繁殖期极具辨识度的造型。

互利共生好伙伴

牛背鹭的食性与其他鹭鸟有一定差别，其他鹭鸟以鱼类为主食，而它更喜欢昆虫、蠕虫等小型无脊椎动物。当牛迈着沉重的步伐穿越泥泞的草滩湿地时，会惊动许多藏身其中的虫类，聪明的牛背鹭发现了这个现象，从此便守候在耕牛身旁，专门捕食这些被惊扰的虫类。它还可以帮耕牛驱赶苍蝇和蚊子，减轻蚊虫的侵扰。因此，牛背鹭也得到“放牛郎”的雅号。牛背鹭和牛虽然是不同的物种，但它们互相帮助，几乎形影不离，科学家把这些不同物种间互相帮助的关系称为“互利共生”。

机械“铁牛”新朋友

随着人们农耕方式的改变，大型器械大规模运用于农耕，农村大部分地区现在已经很难看到耕牛辛勤劳作的身影。聪明的牛背鹭也不再固执地紧跟耕牛，而是学会了在农用机械“铁牛”附近觅食，人们偶尔也能在拖拉机和收割机上看到牛背鹭伫立的身影。

牛背鹭和它的水牛伙伴

苍 鹭 *Ardea cinerea*

耐心侠客披苍袍

科目｜鹈形目 鹭科 **居留型**｜留鸟/冬候鸟/过境鸟 **保护级别**｜广东省重点保护陆生野生动物

孤身侠客体修长

在我国中部、东部和南部水草丰茂的湿地，常能见到苍鹭的身影。它的头颈、脚和嘴都非常细长，动作身姿十分优雅，常形单影只地在浅水湿地中捕食，或张开翅膀在水面缓慢地滑翔，具有飘逸不羁的气质。

分布广泛披苍袍

苍鹭分布广泛，除了我国南部，在非洲、欧洲和亚洲多地都能发现它们优雅的身影。苍鹭躯干及两翼的羽毛多呈灰色，头顶两侧及枕部呈黑色，外形似身着灰袍、头绑黑色发带的侠客。“苍”在古文中用于描述颜色时意为灰蓝色或深蓝色，而苍鹭的羽毛正是这种颜色，因而得名。此外，也有人把苍鹭叫作“灰鹭”。

笔管榕上的苍鹭幼鸟

成年苍鹭及4只幼鸟

独行“老等”有耐心

苍鹭的食性和其他鹭鸟相似，主要以鱼、虾和蛙类等小型动物为食。苍鹭不爱动，也不爱集群，更喜欢孑然捕猎。烈日炎炎下，它们可以在浅水中站立数小时之久。即使在严冬时节，也能看到苍鹭伫立在水中一动不动如雕塑般的身姿，宛如一位正在修炼内功、不畏严寒的高人。

头枕部呈黑色

凭借着惊人的耐心，苍鹭获得了“老等”这个有趣的外号。等待不是守株待兔，而是做最大的努力，然后用足够的耐心等待成功的那一刻，有强大的内心才会拥有足够的耐心。不过，“老等”先生确实“等得起”，它的寿命为20～30年，算是鸟类中较长寿的成员了。

捕鱼后归巢

白 鹭 *Egretta garzetta*

湿地白衣常住民

科目 | 鹈形目 鹭科　**居留型** | 留鸟/冬候鸟/过境鸟　**保护级别** | 广东省重点保护陆生野生动物

大白鹭（①）、中白鹭（②）和白鹭（③）

大小白鹭迷人眼

白鹭有另一个名称，叫小白鹭，在它们的生活区域，通常还栖息着中白鹭和大白鹭。这里的大、中、小不是指同一物种的不同年龄或体型，而是指代不同的物种，三者虽然外形相似，但仍有可区分的特征。大白鹭的体型相对最大，有黑色的脚趾和黄色的喙，嘴裂超过眼，喙在繁殖期会变为黑色，脸颊裸露皮肤会呈现蓝绿色。中白鹭与大白鹭较为相似，但嘴裂不超过眼，喙尖还常有一点黑色，繁殖期中白鹭的嘴也可能变成全黑色。而白鹭在三者中体型最小，有黑色的喙和脚，但脚趾一般为鲜艳的黄色。通过文字和图片去分辨这三种鹭鸟并非易事，如果有机会，带上你的好奇心和望远镜，去湿地与它们邂逅吧！相信在一段时间的观鸟实践后，你也能像许多资深观鸟者一样，一眼就区分出它们。

优雅舞者擅巧捕

白鹭自古以来就是为人们所熟知的鸟类，它们全身覆盖着洁白的羽毛，细长的喙、脖颈和腿是典型的涉禽类鸟类的特征。成鸟繁殖期时，头顶后还会长出两根细长的辫羽，灵动而优雅。人教版小学五年级语文课本中的《白鹭》一课，介绍的就是它。

在凛冽的冬季，自然万物悄悄沉寂下来。但在广东的水田、鱼塘、沿海滩涂、码头边，仍能观察到成群的白鹭不惧寒冷，在水边觅食。

白鹭的觅食方式是先用腿在浅水中搅动，让藏匿的猎物受惊跑出来，其灵活的脖子和细长的喙有利于精准捕捉到运动中的鱼类、虾蟹、软体动物和两栖动物等水生动物。一些白鹭有时也会取巧觅食，它们会跟在黑脸琵鹭这类鸟之后，当黑脸琵鹭搅动淤泥的时候，白鹭就可以直接捡食被惊动起的鱼虾；有时它们也会跟在拖网渔船上等待被惊吓的鱼虾，这样比单靠自己觅食省力快捷许多。

白鹭的集体公寓

繁殖季节到来时，白鹭会在水边的树上筑巢，有时同一棵树上会聚集许多只白鹭，形成非常壮观的“白鹭树冠”景象。在树上筑巢的白鹭也会给树交“房租”——树上落下的鸟粪在各种微生物和昆虫等“分解者”的作用下，释放出氮、磷、钾等营养元素，而这些物质是大树生长必需的优质肥料。在某些长期有海鸟类栖居的海岛上，厚厚的鸟粪会沉积成磷矿，是回馈大自然的珍贵资源。

马尾松上的两只白鹭亚成鸟

海南鳽 *Gorsachius magnificus*

神秘水鸟藏密林

科目｜鹈形目 鹭科　**居留型**｜留鸟　**保护级别**｜国家一级保护野生动物

深夜出来觅食的海南鳽亚成鸟

虎斑水鸟隐林中

在华南的丘陵山区，有一种水鸟如幻影一般若隐若现，它们不像其他涉禽一般喜在开放的水体活动，而是藏匿于生态环境较好、少人打扰的天然林下溪谷中。它们白天通常不活动，静静地隐藏在溪谷旁的大树树冠中，晚上则悄悄然飞落至水边活动，在暗夜的掩护下捕食水中的鱼类等小型动物。由于数量少、习性隐秘、观测困难，海南鳽被誉为"世界上最神秘的鸟"，其体型和大小近似于鹭，具嘴长、颈长、脚长的特征，但和其他鹭鸟不同的是，成年海南鳽黑褐色的覆羽上，点缀规则白色斑点，因此也被称为"海南虎斑鳽"。海南鳽有圆溜溜的大眼睛，适合在黑夜中寻找猎物，除此之外，它眼后还有一条白色条纹向后延伸至耳羽上方，这是其重要的形态特征之一。

分布广泛迹难寻

它为何被叫做海南鳽呢？原因与其他名字带地区的鸟类相同，其模式标本于1899年采自海南五指山。然而，在其后的近100年间，它的踪迹却鲜有被发现。在1990年前仅有几次标本采集记录，海南鳽是否已灭绝曾引起国际性的争议。1998年，广东的车八岭国家级自然保护区发现海南鳽的踪迹。2020—2023年，南岭国家级自然保护区通过野外巡视观察、红外高清监测、4k专业摄像等方法，跟踪记录了海南鳽的完整繁殖行为，以及一年四季的活动，逐步揭开了海南鳽的神秘面纱，初步证明了海南鳽在南岭是留鸟或部分留鸟的可能性。

鸟巢中的海南鳽成鸟及幼鸟

鸟中熊猫需保护

海南鳽目前已被列为世界30种濒危鸟类之一，也有“鸟中熊猫”之称。有报道全世界的海南鳽野外成年个体的种群数量低于1 000只，但实际上由于实体观测非常困难，它的个体数到底有多少只，现在具体分布范围能延伸到什么地方，决定它们生存和分布的因素仍是个谜，这也导致针对性的保护工作较难开展。因此，还需要科学家、观鸟爱好者共同努力，以提供更多观测数据与研究资料并加大力度采取有效措施去保护它们。

Chapter 4

击破长空的猎手——猛禽

猛禽是凶猛的掠食性鸟类，有锐利的爪和喙，捕捉猎物后撕裂进食，有敏锐的视觉和高超的飞行能力。

黑鸢 *Milvus migrans*

空中盘旋风筝鸟

科目｜鹰形目 鹰科 居留型｜冬候鸟/留鸟 保护级别｜国家二级保护野生动物

御风飞行显身手

黑鸢是广东省最常见的猛禽之一，过去香港俗称的“麻鹰”就是指黑鸢。黑鸢体长54～69厘米，翼展在130～140厘米，发达的翅膀让它们在空中飞行时无须高频扇动，仅借助气流和翅膀两面的气压差，就能长距离滑行。

晴天上午九点到下午四点，是观测它们的好时机，这时万里无云且阳光充足，如果刚好遇到它们低空盘旋，便能一睹它们翱翔天际的飒爽英姿。黑鸢是一类比较合群的猛禽，有时能在同一片空域看到几只乃至十几只黑鸢在一同盘旋。黑鸢在高空盘旋时，尾羽凹尾处及两翼下有小块白斑，这是它们最主要的辨识特征。

鸢类擅长御风飞行，该特性为古时制作风筝的工匠们提供了灵感，因而传统造型的风筝以鸢类形象为多，通常古代的风筝用竹做鸢首，飞行时使风入竹，声如筝鸣，故名风筝。能发出声音的为风筝，不能发出声音的就被称为“纸鸢”。后来，“纸鸢”一词也常指代风筝。

精准空袭擒猎物

猛禽长时间在高空活动，擅长空袭，它们为了发现较小的猎物而进化出敏锐的视力，是人类的8～10倍，能在高处清晰地看到地面的猎物。即使在2 000米的高空，它们也能准确辨认出地面的兔子、老鼠及水里的鱼。作为昼行性猛禽的一员，黑鸢同样有着敏锐的视力。在高空滑翔时，它们随时关注着地面和水中的风吹草动，一旦发现小型动物和鱼，就会收起翅膀，急速向下，用锐利的爪子突击并制服猎物，再将猎物带到高空、大树枝头或岩石上，用尖利的喙扯碎后享用。除了中小型野生动物，黑鸢还会袭击鸡鸭等家禽，偶尔也吃些腐肉。

城市周边常盘旋

黑鸢通常喜欢在海岛和山地活动，但在一定程度上也适应城市周边的生活。有时能看到黑鸢零星地出现在江边、河涌边、货运码头和河滨公园附近，甚至在珠三角市区的高楼大厦间盘旋，不时停息在楼宇之上，为现代的城市景观增添了野性之美。

黑鸢翱翔时收起尾羽呈凹尾，且两翼有小块白斑

城郊苦楝树上的黑鸢

普通鵟 *Buteo japonicus*

农田猎手擅突袭

科目 | 鹰形目 鹰科　**居留型** | 冬候鸟/过境鸟　**保护级别** | 国家二级保护野生动物

普通鵟翱翔时收起尾羽呈凸尾，且两翼有小块黑斑

林中王牌飞行员

和黑鸢一样，普通鵟（kuáng）也是广东省常见的一种猛禽，但它的体型比黑鸢稍小一些，体色也更浅一些，飞羽主要呈棕褐色。如果你观察过飞行中的普通鵟和黑鸢，就不难发现，普通鵟的双翼底部颜色明显更浅，主要呈灰白色，仅在翼尖和翼角位置有少量黑色斑纹，而且具略外凸的尾羽。以上特征可以使我们肉眼快速分辨这两种常见的猛禽。

普通鵟喜欢在山地森林和田野上空飞行，伺机捕捉视野中出现的各种小型动物，尤其爱吃鼠类，也会捕捉蛙类、蜥蜴、蛇类、野兔等猎物，有时还会到人类的养鸡场里“偷”几只小鸡。普通鵟的猎物通常为敏捷灵巧而不易捕捉的陆生小动物，它们超凡的飞行能力保障了捕食成功率。普通鵟不仅拥有极快的冲刺速度，还能在飞行中随时切换姿态，在空中也可以轻松做到360度转身，即便有浓密的灌木阻隔，猎物也难逃它们的鵟爪。

乡间“王者”需保护

普通鵟会在乡野间的电线杆、灯柱和树冠上停栖，是较易观察的一类猛禽，作为食物链顶端的物种，它们在维持生态平衡方面起着重要的作用。普通鵟食量较大，一般出现在物种多样性较丰富的生境中，比如水草茂密的湖泊、原生林或连片的鱼塘周边，一个地区如果发现有普通鵟这类高级的捕食者生存，则证明这里的物种较丰富，生态系统较为稳定。因此，如果想让它们与人类长期为邻，就要为它们保留更多的优良栖息地，为它们储备充足的食物，避免对林地和湿地过度开发、破坏。

普通鵟

斑头鸺鹠 *Glaucidium cuculoides*

斑羽无耳猫头鹰

科目｜鸮形目 鸱（chī）鸮科 **居留型**｜留鸟 **保护级别**｜国家二级保护野生动物

神秘猫头鹰家族

猫头鹰是鸮形目鸟类的统称，它们有和家猫一样大而扁平的面部，圆而硕大的眼睛。部分种类在头顶还有像猫耳一样的羽毛——耳状簇羽。全球鸮形目鸟类超过100种，多为夜行性猛禽，有极好的夜间视力，兼具高超的飞行技巧，可以在树枝密布的丛林中高速飞行、灵活地躲避各种障碍物。同时，它们凭借着有消声功能的羽毛可以悄无声息地接近并捕捉猎物。

斑羽无耳伪装者

在猫头鹰家族中，斑头鸺鹠的体型相对较小，但却是中国鸺鹠属中体型最大的物种，被称为小猫头鹰，为国家二级保护野生动物。斑头鸺鹠没有耳羽簇。远远看去，它的脑袋又圆又大，搭配上一双炯炯有神的眼睛，让它在一众猛禽中略显呆萌可爱。成年斑头鸺鹠头部有白色横纹，雏鸟及亚成鸟头部则散布白色斑点，因而得名。斑头鸺鹠身上的褐色羽毛不仅深浅交织，还夹杂着白纹，这身斑驳的羽色可以让它们停息时很好地融入枝叶背景中，具有“隐身衣”的效果。

斑头鸺鹠无耳状簇羽

领角鸮具耳状簇羽，其正脸似猫头

白天活动的猎手

斑头鸺鹠栖息于平原、低山丘陵和山地等区域。和大多数猫头鹰不同，它们白天和晚上都可以觅食，白天觅食蝗虫、毛虫、甲虫和蝉等体型较大的昆虫或其他鸟类，晚上觅食鼠、蛙或蜥蜴。在繁殖期和育雏期，它们会更频繁地在白天狩猎。斑头鸺鹠是一种栖息地离人类较近的猫头鹰。在一些临山小区、乡村或校园等人类居住区，早上或夜里能听到它们发出的嘹亮、高频而空灵的鸣声，安静的夜晚可以传到数千米外。

Chapter 5

跃动的攀树高手——攀禽

攀禽是适应攀援生活的鸟类，其脚趾特化通常为两组合并，适合攀援，不适合行走或跳跃，多数在洞穴营巢。

褐翅鸦鹃 *Centropus sinensis*

栗红翅膀大毛鸡

科目｜鹃形目 杜鹃科　**居留型**｜留鸟　**保护级别**｜国家二级保护野生动物

山野树丛住大鸟

行走在林缘道路上，如两旁灌木丰富，会不时听到一种低沉的“呜—呜—呜—呜—呜”的声音。发出这种独特叫声的是一种大而强壮的鸟类——褐翅鸦鹃。

褐翅鸦鹃作为国家二级保护野生动物，在广东省内并不罕见。它们喜欢生活在森林边缘的树丛里，出来觅食时，会随意横穿马路，但非常警觉，发现有人出现，就会猛然扇动翅膀逃走，有时还会留下一连串凄厉的怪叫。

毛鸡其实不是鸡

褐翅鸦鹃，成鸟具栗红色的翅膀、墨蓝色的头胸和粗长的尾羽，体型和小型家鸡相当，在民间常被称为红毛鸡、大毛鸡、毛鸡等。虽然被称为“鸡”，但除体型大小外，褐翅鸦鹃和家鸡还是有明显的形态差距，如其发达的飞羽和攀禽的特征——对趾足（两个脚趾向前，两个向后），使它们相比家鸡更擅长攀爬和飞行。亚成体的羽色和成鸟有一定的区别，其全身羽毛散落有繁杂的花纹。这其实是亚成鸟的“迷彩服”，这身花纹使它们躲在灌木草丛中时，能和周围的环境融为一体，躲过天敌的眼睛，弥补幼时运动能力不足的弱点。

假苹婆上的褐翅鸦鹃

飞机草和鬼针草丛中的褐翅鸦鹃

褐翅鸦鹃亚成鸟羽毛具横纹

日间活跃勤觅食

作为一种中型鸟类，褐翅鸦鹃的胃口自然不小。它们白天非常活跃，会在田地或灌丛里寻找各种各样的食物，如野果、种子和昆虫，有时也会捕捉一些两栖爬行类、啮齿类等小型脊椎动物。褐翅鸦鹃平常喜欢隐藏在树林中，但它们的食物却常出现在农田和开阔地，因此森林和农田交界的林缘地带成为它们最常出现的区域，既能保证食物的供给，又能在遇到危险时快速隐藏。

噪 鹃 *Eudynamys scolopacea*

聒噪叫声林中传

科目 | 鹃形目 杜鹃科 **居留型** | 夏候鸟/留鸟 **保护级别** | “三有”保护动物

雌性噪鹃

雄性噪鹃

歌声嘹亮林中藏

春季，在广东一些市区的大型公园及树木茂盛的地方，常可以听到一种聒噪嘹亮的鸟鸣。声音的主人就是噪鹃，名字中的“噪”字就体现出了它喜高声鸣叫的习性。这位“高音大嗓门”常隐蔽于大树顶层茂盛的枝叶丛中，通常只闻其声，不见其影。噪鹃喜欢在黎明至清晨发出“喔哦！喔哦！”的连续叫声，这种叫声穿透力度大、节奏感强，而且越叫越急促，很多还在熟睡中的居民会被其吵醒。

雌雄二型好辨别

噪鹃的虹膜呈深红色，尾长，形态像乌鸦，但体型更小，属于雌雄二型的鸟类，看外形便能轻易地识别性别——雄鸟通体蓝黑色，具蓝色光泽，下体沾绿色；雌鸟上体暗褐色，略具金属绿色光泽，并满布整齐的白色小斑点，头部白色小斑点略沾皮黄色。

宝宝生在别人家

杜鹃科的许多鸟类都有巢寄生的习性，噪鹃也不例外。噪鹃的繁殖期一般为3—8月，产卵时会四处寻找符合要求的巢穴，将自己的卵产在其他鸟类的巢中。常见的寄主有红嘴蓝鹊、八哥、乌鸦、喜鹊、黑领椋（liáng）鸟等。一般情况下，噪鹃会在寄生的巢穴内产1～2枚蛋。噪鹃的蛋孵化期并不长，只需13天左右便可出壳，幼鸟生长发育也非常快。

在自然界中，看似残酷的巢寄生行为也发挥着生态调节的作用。当红嘴蓝鹊、八哥等鸟类过多时，噪鹃就更容易找到寄主，后代存活率就会升高；如果噪鹃偏多，被巢寄生的鸟类种群数量就会减少，两者的种群数量会相互制约，最终达成平衡。

蓝喉蜂虎 *Merops viridis*

蓝绿外衣食蜂鸟

科目 | 佛法僧目 蜂虎科 **居留型** | 夏候鸟 **保护级别** | 国家二级保护野生动物

蓝绿红羽外形佳

蓝喉蜂虎是广东的夏候鸟，每年春夏会从东南亚、海南等地向北迁徙，来到华南地区繁殖。在人迹较少的低海拔森林开阔处，可见成群的蓝喉蜂虎或在天空划过，或是在树梢枝头停息。它们拥有极为绚丽的外表——栗红色的头部、天蓝色的喉部、金属绿色的翅膀和腹部，外形令人一眼难忘，因此被誉为“中国最美的小鸟”之一。

灵活迅猛追蜂食

蓝喉蜂虎不仅外形出众，在飞行能力上也有着超群的实力，能在高速飞行中快速转向。蓝喉蜂虎成鸟的尾中部具一束极长的羽毛，起到平衡棒的作用，使它在高速飞行中保持稳定。即使是胡蜂等昆虫中的飞行高手，面对蓝喉蜂虎追击时也只能束手就擒，几乎没有逃脱的可能，“蜂虎”因此得名。

侯蜂虎成鸟和亚成鸟

蓝喉蜂虎具细长的中央尾羽

蓝喉蜂虎夫妇

精选小家藏于洞

蓝喉蜂虎喜欢生活在水质洁净的湿地和生态环境良好的森林中，因为这类环境中生活着它们最喜欢的猎物——各种野蜂、蜻蜓和蝶类等擅飞行的昆虫。除了对食物有特殊要求，蓝喉蜂虎对筑巢的环境也极为挑剔，它们只在水质洁净的河流两侧的崖壁挖掘洞穴，甚至对河岸的沙土质地及坡度也有一定的要求。挖好洞后，蓝喉蜂虎会在洞中筑巢、产卵，也会在附近捕食。

普通翠鸟 *Alcedo atthis*

水塘边的蓝宝石

科目｜佛法僧目 翠鸟科　**居留型**｜留鸟　**保护级别**｜“三有”保护动物

色如翡翠的普通翠鸟

普通翠鸟不普通

相信你对翠鸟这个名字一定不陌生，早在小学语文课本上，就已经了解到这类颜色鲜艳、叫声清脆、行动敏捷的鸟儿了。翠鸟科是一个由100多种鸟类组成的家族，我国已知有十余种，其中最常见的一种便是普通翠鸟。虽然名字中有“普通”二字，但它的外观可一点儿也不普通，其上体呈蓝绿色，下体呈棕橙色，颈两侧及喉部有少许白色斑纹，在阳光下浑身都泛着炫目的金属光泽，远观宛如散落在水边的一颗璀璨蓝宝石。

快如闪电钓鱼翁

普通翠鸟一般生活在水边，视力极佳，以小鱼、水生昆虫及少量水生植物等为食。我国大部分地区的池塘、河流、湖泊和湿地，都不难发现普通翠鸟的身影。普通翠鸟常停在水域附近的树枝、枯木或岩石上，一双乌黑的大眼睛紧盯着水面，一旦发现猎物，它便会一跃而出，瞬间化为一道蓝色闪电，笔直地向猎物扑去，用大而宽厚的嘴将其捕获，故而有诗云“一点翠光忽已远”。

普通翠鸟捕鱼时很有耐心，常常静静等待数十分钟，直到猎物出现时才迅速潜入水中捕食。有感于这种耐心的等待和瞬间的爆发，国内设立的青年鸟类学者交流论坛取名为“翠鸟论坛”，希望各位鸟类学者能够如同翠鸟一般厚积薄发。

静观水面的普通翠鸟

鸡蛋花上的普通翠鸟

岸边水管藏巢穴

和大部分的佛法僧科鸟类一样，翠鸟喜欢把巢建在离岸边不远的泥洞和树洞里，因此湿地岸边修建的排水管也成了翠鸟的备选筑巢场所。如果在春夏之际观察到翠鸟捕到小鱼后没有直接吞食，而是飞往水管或泥洞里，那么可以大致猜到，这些洞里有一窝嗷嗷待哺的翠鸟宝宝。

斑鱼狗 *Ceryle rudis*

河道悬停黑白袍

科目 | 佛法僧目 翠鸟科　**居留型** | 留鸟　**保护级别** | 广东省重点保护陆生野生动物

名曰鱼狗是翠鸟

看到“斑鱼狗”这个名字，你的脑海中会浮现出一个怎样的动物形象呢？一条长着斑点的鱼，还是一只可爱的斑点狗？其实斑鱼狗既不是鱼也不是狗，而是一种外形独特的鸟类。斑鱼狗是翠鸟科鱼狗属的成员，但与同科中的白胸翡翠、普通翠鸟等有着多彩羽毛的亲戚不同，它的体色非常素雅，仅有黑白两色，仿佛一身道袍，非常容易辨识。在我国东南部省份的河道、水塘和红树林周边区域，都有机会遇见斑鱼狗，有时还能看到它们成对或集群出现。

悬停飞行技术好

虽然斑鱼狗的体色在争奇斗艳的翠鸟家族中显得黯淡，但如果要论飞行本领，它可是家族中当之无愧的飞行大师之一。以翠鸟科中最常见的普通翠鸟为例，其捕猎的方式是停在岸边观察，发现猎物后快速起飞，扎进水面捕获猎物。而斑鱼狗在寻找猎物时，常扑腾着翅膀在空中悬停或者闪转腾挪，发现猎物后直接从半空发动攻击，犹如一架精准的导弹，瞬间击中小鱼等猎物。

斑鱼狗

勇敢防卫护家人

在春夏季，斑鱼狗会在水塘的岸边寻找或挖掘泥洞筑巢繁殖后代。此时的斑鱼狗爸爸会在洞穴周围捕猎，同时看守巢穴，一旦发现有任何不怀好意的动物接近，对自己的配偶或孩子产生了威胁，斑鱼狗爸爸就会立刻上前驱赶，凭借自己十足的勇气和高超的飞行技术守护家人，是一位勇敢称职的父亲。

斑鱼狗在进行“特技飞行”

黑眉拟啄木鸟 *Psilopogon faber*

五色之鸟带祥瑞

科目｜啄木鸟目 拟啄木鸟科　**居留型**｜留鸟　**保护级别**｜“三有”保护动物

黑眉拟啄木鸟捕食螽斯（zhōng sī）

声囊扩音鸣声亮

在中低海拔的森林地区，常能听到树冠处传来高亢的鸟鸣声，极为独特，辨识度高。这种鸟鸣声犹如一连串“笃—笃—笃”的音符不断重复奏响，每次以多个单音为一组，又像是连续用锤子敲击铁块发出的声音，可以持续整日或数小时之久，响彻整座森林，这就是黑眉拟啄木鸟的鸣叫声。不同于大多数鸟类使用鸣管发声，它们利用喉部声囊发声，发声方式和青蛙类似，嘴不张开，而喉咙会鼓起2个“大包”，通过不断震动发出高频而响亮的鸣叫声。

树冠隐藏五色鸟

黑眉拟啄木鸟是中国特有种，它的羽色美丽，躯干羽色主要为绿色，飞羽颜色为黑色，外缘点缀有蓝色，额部、枕部颜色为红色或黄色，头顶黑色。由于全身有绿、黑、红、蓝、黄5种颜色，在一些地区，也被称为五色鸟。虽然它们外形艳丽，不过想要观察它们却没那么容易，因为它们通常隐藏在树冠中间鸣叫，绿黑色的保护色使它们很难被发现。另外，由于它们鸣声穿透力太强，导致它们的声音具有很强的迷惑性，观察者很容易误判位置，以为离它们很近，实际上却很远，这也是它们难以被观察到的原因之一。

巢洞前的黑眉拟啄木鸟

啄木筑巢育后代

在每年的3—8月，黑眉拟啄木鸟通常会在朽木上啄出与其身体粗细相当的巢洞，洞口非常圆润，很容易辨认。成鸟在巢洞中筑巢，雌鸟会产下3～4枚卵，雌雄鸟轮流孵卵，雏鸟约在2周后孵出，约1个月后离巢。树洞巢很好地保护了幼鸟，使其免遭极端天气和天敌的侵袭，通常一半的幼鸟都能顺利离巢活动。

啄木家族各不同

拟啄木鸟科（Psilopogon）在广东记录有4种，包括黑眉拟啄木鸟、大拟啄木鸟（*Psilopogon virens*），黄纹拟啄木鸟（*Psilopogon faiostricuts*）和蓝喉拟啄木鸟（*Psilopogon asiaticus*），它们都拥有鲜艳的体色及粗壮坚硬的喙。拟啄木鸟科的鸟类与同属于啄木鸟目（Piciformes）的啄木鸟科（Picidae）的鸟类是亲戚，大家都擅长啄木。不过，啄木鸟倾向于在鲜活坚硬的树干中寻找食物或者筑巢，拟啄木鸟更偏爱在干燥腐朽的木头上筑巢。

大拟啄木鸟（正面）

大拟啄木鸟（背面）

Chapter 6

常驻地面的神行太保——陆禽

陆禽是主要生活在地面的鸟类，多数不善远距离飞行，嘴短钝而坚硬，腿和脚强壮有力，通常在地面寻找食物。

黄腹角雉 *Tragopan caboti*

彩裙摇摆林中舞

科目丨鸡形目 雉科 **居留型**丨留鸟 **保护级别**丨国家一级保护野生动物

黄腹角雉的肉角和肉裙

粤北深山华丽鸟

在粤北山区，生活着一种中国特有的珍稀雉类，由于雄性腹部羽毛为黄色，在求偶时头部两侧会伸出2根肉质角突，因而得名“黄腹角雉”。除广东省外，黄腹角雉在中国华南地区的几个省区都有分布，看似分布广泛，但实际的分布范围却非常狭窄。因为它们偏好生活在植被良好、阴凉舒适、海拔超过800米的山地森林中。这样的森林小斑块在华南地区非常罕见，面积很小，彼此之间连接性也较差，导致黄腹角雉可利用的栖息地资源非常有限，这使得它们族群的数量远不如白鹇和环颈雉等其他雉科鸟类那样多。

在20世纪80年代，国内对这种珍稀鸟类还一无所知。在郑作新院士的邀请下，郑光美院士走上了对黄腹角雉的研究之路，通过十余年的驯养繁殖研究，攻克了原产于亚热带高山的黄腹角雉的存活、受精和繁殖等难题，在北京地区建成了可自我维系的人工种群，结合野外研究，掌握了许多黄腹角雉生物学、生理学和生态学知识，为黄腹角雉的保护做出了较大的贡献，因此他也被同行誉为“黄腹角雉之父”。

彩裙摇摆林间舞

鸟类的求偶方式有很多种，舞蹈就是其中之一。一些雄鸟在繁殖季节会在雌鸟前反复舞动，展示它们美丽的羽毛，这种行为在孔雀、极乐鸟等外观华丽的鸟种中较为常见。除去美丽的羽毛，雄性黄腹角雉在跳求偶舞时，最引人注目的特征还有其头上的翠蓝色肉角和胸前粉蓝相间的艳丽肉裙。繁殖季节雄鸟遇见心仪的雌鸟时，会面对雌鸟蹲伏，并不停地上下点头，展示自己的肉角和肉裙，同时张开双翅，抖动尾羽，发出“滋滋”的叫声。如果雌鸟心仪雄鸟，则会原地欣赏雄鸟美丽的舞蹈，如果雌鸟没有兴趣，就会离开，而雄鸟的舞蹈则会立刻停止，寻找其他对象。黄腹角雉在繁殖期，同一族群的雄鸟为争夺交配权，会发生打斗。明代李时珍在《本草纲目》中对黄腹角雉的求偶舞还进行了细致的记述，并以此特性命名其为“吐绶（shòu）鸡”。

花衣迷彩避天敌

黄腹角雉的天敌，有猛禽类、黄鼠狼、豹猫和蛇等，由于飞行能力较差，伏地隐藏是黄腹角雉最常用的御敌方式。无论雌雄，黄腹角雉的飞羽上都具黄褐色斑点，这使它们的体色和落叶、草堆非常相似，能很好地隐藏其中。雌雄鸟筑巢交配产卵后，孵卵的重任完全由雌鸟承担，它们必须很好地隐藏自己才能保证自己和巢的安全，因而雌鸟的颜色会比雄鸟更加暗淡，以便在自然环境中“隐身”。在近一个月的孵化期内，雌鸟几乎不会离开巢穴，即使有天敌入侵也不会逃跑。黄腹角雉的雏鸟属早成雏，出壳当天就能拍打翅膀并简单走动，接下来几天就能跟随雌鸟活动和觅食。雏鸟的发育较缓慢，需要两年时间才能成年，雌鸟会完全承担照顾和保护雏鸟的任务。由于黄腹角雉每窝产卵2～4枚，数量少，孵化期、雏鸟成熟期都比较长，这使许多幼鸟在成熟前就夭折了，无法繁殖后代。因此，除了栖息地极狭小之外，黄腹角雉本身的特性也是它们数量稀少的原因之一。

穿着“迷彩服”的黄腹角雉一家

雄性黄腹角雉

雌性黄腹角雉

黄腹角雉雏鸟

白鹇 *Lophura nycthemera*

白衣仙子林间藏

科目｜鸡形目 雉科　**居留型**｜留鸟　**保护级别**｜国家二级保护野生动物

白鹇雌性（左1）、雄性亚成鸟（左2）、雄性（右1）

雄性成鸟

省鸟雌雄差异大

在广东的中低海拔森林里，偶尔能发现地面上静静躺着一些形似弯刀、色如白雪的细长羽毛，上面夹杂着黑色的“V”形花纹，这就是广东省省鸟、国家二级保护野生动物——白鹇雄鸟的羽毛。

白鹇是一种大型的雉鸡，它强壮的腿部肌肉及尖利的爪，不仅有助于觅食，而且能快速奔跑和跳跃。白鹇雄鸟有华丽的雪白色羽毛，下体和头顶冠羽为深藏蓝色，面部裸露皮肤是极鲜艳的红色，高雅的外观让人过目难忘，因此成为清朝五品文官官服补子的图案，代表清正廉洁。雄鸟的跗跖还有一个特殊的结构——距，这枚突起的尖锐小刺是雉科的“身份证”。相比之下，雌鸟的外形极为低调，一身棕绿色，外侧尾羽黑色、白色或浅栗色。体长仅有雄鸟的一半。

在鸟类中，有很多像白鹇这样雌雄二型，并且大多是雄性羽色华丽，雌性和幼鸟则颜色低调。这主要是因为雌鸟承担着繁育下一代的任务，它和幼鸟需要更好的保护色进行隐藏，低调的羽色能最大限度保证它们的安全，而雄鸟为了获得雌鸟的欢心，在外形上会更加显眼些，这都是自然选择的结果。

集群生活隐林下

在春夏季节的繁殖期，白鹇受体内激素影响，羽毛会变得油润光亮，面部红色皮肤也会变得愈发鲜艳，领头的雄鸟头顶的深蓝色羽毛常会竖起。在这段时间，雄性白鹇会变得十分好斗，在争斗中胜出的雄鸟会成为一个鸟群的首领，并获得与群内雌性的优先交配权。

白鹇一般在晨昏集群活动，鸟群通常以一只雄鸟为首领，携带数只至数十只雌鸟和雏鸟，有时也会有少量其他雄鸟。它们的食谱比较广泛，主要以昆虫、果实、嫩叶和苔藓等为食。但它们生性胆小，一有风吹草动，会立刻往密林深处飞奔，瞬间消失得无影无踪。

道骨仙风为人颂

雄性白鹇自古以来就因其美丽的外表而备受关注，亲眼见过白鹇的人曾这样描述：密林中的白鹇犹如一位道骨仙风的隐士，颇有“飘飘乎如遗世独立”的气度。白鹇之美，连李白这样洒脱不羁的大诗人，也曾为其倾倒，不惜写诗给黄山胡公求得白鹇一双：“请以双白璧，买君双白鹇。”观鸟，有时不仅是观鸟，还能让我们跨越时空与历史人物对话。

环颈雉 *Phasianus colchicus*

白项雉鸡吉祥鸟

科目 | 鸡形目 雉科　**居留型** | 留鸟　**保护级别** | “三有”保护动物

短暂飞行的雄性环颈雉

白色项圈土凤凰

环颈雉俗称“野鸡”，又名雉鸡，因为美丽的外表，还有“七彩山鸡”或“土凤凰”等俗称。它们在我国分布有19个羽色差异较大的亚种，其中11个亚种有完整或部分白色颈环，在广东自然分布的亚种均有完整白色颈环。它和白鹇是近亲，也有明显的雌雄二型现象。雄性环颈雉的外观辨识度很高，身上羽毛呈金属铜色，其中点缀着黑白相间的斑点；尾长而华丽，体色主要为带黑色横纹的浅棕色；头部羽毛呈蓝、绿、黑三色交织，亦有金属色泽；最具特色的部位莫过于颈部有一圈白色羽毛环绕，这也是“环颈雉”一名的由来。雌性环颈雉羽毛浅棕色带少许黑色斑点，尾羽短，与雄性相比朴素许多，与其他雉类似，这是雌鸟的保护色。

隐在平原和丘陵

环颈雉经常以一雄多雌的群体出现，和白鹇相比，环颈雉会更频繁地出现在平原或丘陵的空旷地，尤其是农田的周边。广东潮汕平原的矮山和丘陵附近，就常能见到环颈雉的身影。虽然它们常会出现在人类居住区附近，但观察环颈雉仍然不是一件容易的事，它们和白鹇一样天性敏感胆小，而且它们的视力和听力比较发达，擅长快速奔跑和短距离飞行，稍有风吹草动，它们就会迅速隐藏起来。

漂洋过海旅全球

环颈雉原产于亚洲多个国家，曾经遍布我国的绝大部分地区，但它们现在已经成为一种"走向世界"的鸟类。其扩散并不是依靠自身的飞行，而是因为人类活动。由于观赏等需求，国外很多地区将环颈雉引入其境内进行特种养殖。由于环颈雉对气候和食物的适应能力较强，会随着季节调整食物摄取的种类，它们的种群很快扩大，目前在北美、南美、欧洲和大洋洲都能够见到它们的身影。近年来随着对环颈雉保护力度的加大，加上其较强的生存和繁殖能力，在英国和中国东北逐渐出现了较大的环颈雉种群。

环颈雉一家

山斑鸠 *Streptopelia orientalis*

鳞纹羽毛山鸽子

科目｜鸽形目 鸠（jiū）鸽科　**居留型**｜留鸟　**保护级别**｜“三有”保护动物

身披铠甲灰鸽子

山斑鸠是鸽子的亲戚，同属鸠鸽科，拥有相似的外貌和习性。山斑鸠雌雄相似，浑身呈黄褐色，翅膀边缘和眼睛周围泛灰蓝色，颈部两侧各有一块黑白色条纹，脚掌为紫红色。灰色的飞羽末端被黄白色斑纹，连接成一圈，远看就像一只身披铠甲的鸽子。也有人把山斑鸠叫作麒麟鸠、金背斑鸠或是山鸽子。

分布广泛喜隐居

山斑鸠是留鸟，分布范围极广，在我国，北至黑龙江、南至海南岛，都能发现它的身影。与已经高度适应城市生活的鸽子不同，山斑鸠不喜欢城市的繁华和嘈杂，更偏好在低山丘陵或乡村农田周边“隐居”，常成对活动。它们会在开阔处的枝头停留，也常在林下或草丛觅食，但天性警惕，稍有风吹草动，就迅速隐藏起来。

筑巢简陋忙育子

山斑鸠是“一夫一妻制”。它们的繁殖期在4—7月，一年可以繁殖1～2窝。它们通常会在繁茂大树主干的小分枝上筑巢，巢主要用枯细枝交错堆集，十分高效，2～3天便可搭建完成，但结构松散简陋，从下面可看到巢中的卵或雏鸟。它们每窝一般产卵2枚，雌雄亲鸟轮流孵卵和抚育。山斑鸠有嗉囊，可以飞去很远的地方寻找食物，携带更多的食物回来，大大减少了往返奔波的时间。就像鸽子用嗉囊分泌鸽乳来喂养雏鸟那样，这些近乎半消化的食物富含水分和营养，晚成的雏鸟吃了成长很快，19天左右就可以出窝。一旦繁育结束，山斑鸠就会遗弃这个简陋的巢穴。

陆禽

珠颈斑鸠 *Spilopelia chinensis*

珍珠项链颈上镶

科目｜鸽形目 鸠鸽科 **居留型**｜留鸟 **保护级别**｜“三有”保护动物

脖子虽短镶珍珠

珠颈斑鸠的“地盘”不如山斑鸠那样广大，它们主要分布在我国南部、南亚及东南亚地区。珠颈斑鸠和山斑鸠都是广东省内常见的鸽鸠类鸟类，它们外形非常相似，以至于有些刚入门的观鸟者会将它们混淆，其实只要仔细观察，这两种斑鸠并不难区分。珠颈斑鸠的翅膀上没有鳞状斑纹，但颈侧有一块特殊的斑纹，如同一块黑布上散落着一颗颗珍珠，因此而得名。

双足强健爱果实

珠颈斑鸠喜食素，野生环境中的各种果实占据了其食谱的大部分，但它们偶尔也会捕食昆虫和蜗牛来满足对蛋白质的需求。和山斑鸠一样，珠颈斑鸠也有尖利而强壮的足，会花很长时间在地面四处寻觅，捡拾谷物和种子，以清晨和黄昏最为活跃。

和睦邻居不惧人

珠颈斑鸠很聪明，它们发现人类的农田、果园或公园附近总有丰富的食物可供享用，因此常在农村和城市附近出现。人类对其一向友好，久而久之，珠颈斑鸠对人类的存在也习以为常。有时候即便人离它们只有几米远，它们也不会被惊飞，而是慢悠悠地踱着步，这样的胆量在野生鸟类中并不多见。

珠颈斑鸠多在夏季繁殖，配对完成的亲鸟会一起寻找合适的筑巢地点，一般会把巢穴筑在小树上或灌木丛中。它们城市生活的能力较强，有时会在人类建筑物的外墙（如居民阳台、窗沿等）或空调外机框架上筑巢。

梅花上的红胁蓝尾鸲（雄鸟）

Chapter 7

枝头表演的歌唱家——鸣禽

鸣禽是擅长鸣叫的鸟类，大多数具发达的鸣管和鸣肌，能发出多样的声音，通常树栖或地栖生活。

赤红山椒鸟 *Pericrocotus speciosus*

跃上枝头的红黄椒

科目｜雀形目 山椒鸟科　**居留型**｜留鸟　**保护级别**｜“三有”保护动物

赤红山椒鸟

雌性赤红山椒鸟

苍翠丛中一点红

赤红山椒鸟是一种近中型的鸟类，雄性的头部及双翅等位置呈黑色，下身部分则生长着大面积的火红色羽毛，极其鲜艳绚丽，犹如一团会飞的火焰。雄性身上有大面积的鲜红色斑块，远看就像是挂在绿树上的红山椒，因而得名。山椒鸟属是一个体色非常艳丽的类群，属中的其他成员如粉红山椒鸟、灰喉山椒鸟等，也有着颇为独特的鲜艳体色。

色彩迥异的夫妻

赤红山椒鸟的雌雄鸟有显著的色彩差异，雌性下半身为鲜艳的黄色，外形也十分美观。在成群活动时，它们聚在一起犹如一片飞舞的红、黄色火苗。4—6月繁殖期时，它们会成双成对地四处收集细枯草、松针等凋落物，在树杈处筑出杯状巢穴，雌鸟产下3枚直径约2厘米的卵，开始孵化工作。

树冠觅食喜食虫

赤红山椒鸟性情活泼，常在树冠层活动觅食，其作为杂食性的鸟类，主要以昆虫为食，大到金龟子、蝽类和毛虫，小至蚂蚁和啮虫，都是它们喜爱的食物，它们偶尔也会取食野果和花朵。

黑卷尾 *Dicrurus macrocercus*

乌黑亮丽卷尾鸟

科目 | 雀形目 卷尾科　居留型 | 夏候鸟/过境鸟/冬候鸟　保护级别 | “三有”保护动物

捕猎归来

分叉卷尾很重要

在我国东部和南部，生活着一种名为黑卷尾的鸟类，它们浑身羽毛乌黑发亮，羽色中还透出蓝色光。黑卷尾尾部大而分叉，呈倒过来的“丫”字，末端微卷，长而末端弯曲的尾部是其名称的由来。同属成员如发冠卷尾、灰卷尾等，均具这样的尾。这条造型别致的下垂尾巴不仅为黑卷尾的整体气质加分不少，还是它们快速飞行时用以保持平衡的重要工具。

眼神犀利捕食准

黑卷尾体型不算太大，但却相当凶猛。它们喜欢站在树梢和电线杆等高处，用犀利的目光搜寻草丛和地表，一旦锁定猎物，便会用有力的翅膀快速俯冲飞行，利用粗长的尾稳定飞行的姿势并精准调节方向以对准猎物，再以粗短有力的喙和健壮锐利的爪迅速制服猎物。捕猎完成后，它们会将猎物带回“哨塔”慢慢享用。

瞭望守护父母情

每年的5—7月是黑卷尾筑巢繁殖的时节，谨慎细心的雌、雄鸟会共同筑巢。它们以禾本科植物等细长柔软的植物茎叶为材料，把巢穴搭建在高大的乔木上，一般距地面6米以上。如此高度的巢穴很难被人类或其他陆生动物发现，不易受到干扰。巢建好后，雌鸟会产下3～5枚卵，并和雄鸟一起承担起照顾子女责任，二者轮流进行觅食和孵卵，可谓是“模范夫妻”。

黑卷尾之所以喜欢站在高处，除了捕食以外，另一个原因则是它们有极强的空域意识。在繁殖期，除了孵卵、觅食、饲幼和睡眠外，它们一般都在高处瞭望自己巢穴周边的领空，一旦发现不怀好意的鸟类或其他动物进入自己的领空或接近巢穴，它们会立刻进行驱赶。即使是体型比自己更大的猛禽，黑卷尾也敢对其追击撕咬，称得上是勇敢的父母。

冠卷尾（和黑卷尾为同属物种）父母哺育幼鸟

棕背伯劳 *Lanius schach*

黑色眼罩小猛禽

科目｜雀形目 伯劳科　**居留型**｜留鸟　**保护级别**｜“三有”保护动物

林湿的棕背伯劳幼鸟

“屠夫鸟”的作案现场

在山野乡间，有时会看见可怕的“血案现场”：一具蛇、蜥蜴、蛙或鼠类尸体被钩挂在枯枝或农田篱笆上，尸体的结构不完整，通常会缺失一部分。这样的场景，实际上是伯劳科鸟类猎食后留下的。如果此场景出现在南方地区，一般是棕背伯劳或牛头伯劳所为，但棕背伯劳更为多见。因为这独特的取食行为，它们也被称为“屠夫鸟”。

蒙眼猎手够悍勇

棕背伯劳的体型不大，从嘴角穿过眼睛有一簇黑色羽毛，仿佛戴了黑眼罩。虽然体型不大，但由于其强大的捕食能力及凶悍的性格，被称为“雀中猛禽”。棕背伯劳喜欢独自狩猎，通常在田地等开阔处捕食，站在电线杆或枝头四处张望，寻找猎物。除了小型脊椎动物外，它们也会捕食昆虫，有时还会捕食其他鸟类，甚至敢于对体型比自己更大的鸟类发起攻击。

飞机草上的棕背伯劳

戴着“黑眼罩”的棕背伯劳

羽色多态声多样

除捕食行为奇特外，棕背伯劳的特点还有很多，羽色多态现象就是其中之一。棕背伯劳最常见的是棕色型，也有黑色型和过渡型（棕黑过渡），另外还有白化个体被记录到。棕色型在我国长江以南地区广泛分布，黑色型常见于华南至东部沿海地区，曾有科学家认为这是两种不同的物种，但后来发现两种色型的亲缘关系差别不大，属同一物种。黑色羽色可能是它们适应沿海生活的一种变化，具体成因仍有待进一步研究。此外，棕背伯劳具有效鸣行为——一种鸟的个体模仿其生境中另一种或几种鸟类个体的某些鸣声和其他动物、机械等环境声，使其相似并且可以重复。据统计，共有54种鸟类的鸣声被棕背伯劳效鸣，堪称鸟界的“音乐奇才”。多样的鸣声是它们重要的信息传递手段，让它们能进行交流与繁衍，不同的鸣叫声分别用于占领、驱逐、求偶、乞食、召唤和应答等。

鸣禽

喜鹊 *Pica serica*

神话筑桥携好运

科目｜雀形目 鸦科 **居留型**｜留鸟 **保护级别**｜“三有”保护动物

抬头见喜吉祥鸟

喜鹊在我国传统文化中占据了重要地位，是吉祥的象征。《易》统卦有云："鹊者，阳鸟，先物而动，先事而应。"《墨客挥犀》卷二云："鹊声吉多而凶少。故俗呼喜鹊，古所谓乾鹊是也。""乾鹊"即古代对喜欢晴朗天气的喜鹊的称呼。古人认为喜鹊具有感知环境变化和预知未来的能力，见到它就意味着有好运降临，所以喜鹊又被称为报喜鸟。除了吉祥如意的寓意，喜鹊还喜食农业害虫，因此受到百姓的广泛喜爱，其常出现在我国的传统绘画、诗歌和故事中，如喜鹊独立于梅枝之上寓意"喜上眉（梅）梢"，出门见到喜鹊寓意"抬头见喜"，以及牛郎织女的"鹊桥"相会故事等。

飞行的喜鹊

桃树上的喜鹊

勇敢的领地捍卫者

喜鹊较适应在人类活动的区域生活。在一些喜鹊种群数量较多的乡村、城市，在行道树上很容易见到它们用枯树枝搭建的卵状巢。喜鹊的巢很大，与它们的体型相对应，直径甚至能达到80厘米。喜鹊具有强烈的领地意识，为了守护它们的巢，即使面对猛禽、家猫等体型比它们更大的敌人，也不惧挑战。它们会伺机用锐利的爪和喙攻击对手并进行驱赶，坚定地捍卫领地，毫不含糊，是一种勇敢的鸟类。

不挑食的生存智者

喜鹊是偏好肉食的杂食性动物，主要以各种它们能捉到的小型动物为食，如昆虫、两栖动物、爬行动物等，有时甚至会捕食麻雀等小型鸟类，或盗食其他鸟类巢中的卵或雏鸟。喜鹊不只吃活物，只要对它们生存有益的食物，都会取食。在营养需求较高的繁殖季节，它们还会取食大量的种子、果实等植物性食物。

红嘴蓝鹊 *Urocissa erythroryncha*

红嘴蓝尾花喜鹊

科目 | 雀形目 鸦科　**居留型** | 留鸟　**保护级别** | “三有”保护动物

身姿华丽长尾鹊

红嘴蓝鹊是一种美丽的鸟类，修长的尾巴占了其体长的一半，头颈及胸部大部分为黑色；后颈、枕部及腹部为白色；背、肩、两翼及尾部则主要为靓丽的蓝灰色，并夹杂着一些黑斑，无论成体还是亚成体，其羽色都非常美丽。要说红嘴蓝鹊最吸引人目光的部位，就数它们红彤彤的喙了，这也是它们名称的由来。

红嘴蓝鹊喜欢集结成几只到十几只的小群进行活动，当站在树梢等高处时，长长的尾巴会向下垂着，十分优美。在飞行时，修长的身形和灵动的身姿更是森林中一道靓丽的风景。有人认为，一些古籍中提到的“青鸟”原型，极有可能就是红嘴蓝鹊，如我国古代文学作品《山海经》中曾写到西王母身边有一只作为信使的鸟儿——“青鸟”，前蜀杜光庭的神话著作《墉城集仙录》（缑仙姑）中对青鸟的外形描述为：“形如鸠鸽，红顶长尾”“尾如伞盖，绿翼红足”，红头、红足、长尾与青蓝色的翼等形象与红嘴蓝鹊有一定程度的相似。

貌美能抵歌喉怪

红嘴蓝鹊外表出众，但作为鸦科的一员，其鸣叫声并不悦耳。它的鸣叫声不仅嘶哑，音量也很大，听起来没有太多节奏感，尤其当一群红嘴蓝鹊一齐鸣叫时，那震耳欲聋的声音只会让人觉得吵闹，但红嘴蓝鹊华美的外形，仍使其成为许多观鸟爱好者争相观察和拍摄的对象。

飞行的红嘴蓝鹊

红嘴蓝鹊幼鸟

聪明胆大护森林

红嘴蓝鹊与喜鹊、大嘴乌鸦等鸦科成员一样，也是杂食性鸟类，各种植物果实、昆虫和小型脊椎动物都在它们的食谱中。红嘴蓝鹊所捕食的昆虫中，许多都是人类眼中的“农林业害虫”，比如松毛虫、金龟子、螟蛾幼虫、蝗虫和刺蛾等，有些地区的红嘴蓝鹊一年甚至可以捕食上万只松毛虫。

在繁殖期，红嘴蓝鹊会变得机警、凶猛且大胆，经常会攻击靠近它们巢穴的动物，甚至会攻击人类。因此，如遇红嘴蓝鹊育雏，应尽量做到不靠近、不打扰。

大嘴乌鸦 *Corvus macrorhynchos*

机智乌黑擅学人

科目 | 雀形目 鸦科　**居留型** | 留鸟　**保护级别** | 无

大嘴乌鸦幼鸟，羽毛还较为稀疏

大嘴乌鸦给幼鸟喂食

大自然的清道夫

“乌鸦”一词可以用于指代鸦科鸦属（*Corvus* spp.）中的大嘴乌鸦、小嘴乌鸦、秃鼻乌鸦等40余种鸟类。其中的大嘴乌鸦广泛分布于我国大部分地区，南方地区亦常见，全身乌黑发亮的体色是它们最明显的特征。

大嘴乌鸦和喜鹊同属于鸦科，不仅在生物分类学上有很近的亲缘关系，习性上也有许多相似之处。然而，喜鹊受人喜爱，大嘴乌鸦却不受待见，除了与其浑身乌黑的外形、不太悦耳的叫声有关之外，还与它们喜欢食腐肉尸体的习性脱不了干系。从生态学的角度来看，大嘴乌鸦有着特殊的生态位，在生态系统中扮演着“清道夫”的重要角色。动物死亡后，如果没有及时清理，其尸体就会腐烂，产生大量致病菌，污染环境。大嘴乌鸦将腐肉作为美食，促进了有机物的分解，保持了环境的清洁，减少了疾病的传播。

机智聪明的“大黑鸟”

“乌鸦喝水”这一故事大家耳熟能详，故事中的乌鸦非常聪明，知道利用石头使瓶中水面上升，现实中，乌鸦同样展现出解决问题的智慧，人们观察到它们不仅能轻松地打开各种鸟笼的栓状门锁，还能通过观察学习打开密封的编织袋，甚至会借助马路上行驶的车辆来碾压开坚硬的果壳。

适应力强喜挑衅

大嘴乌鸦的适应能力很强，除了山野林地，它们也会在农田、乡村和城市中出现，常常结成几只到十几只的小群四处活动。在一些北方城市，也常见大嘴乌鸦和小嘴乌鸦、秃鼻乌鸦混群活动，有时可多达数百只，是城市中一道独特的风景线。

大嘴乌鸦食性杂，除腐肉之外，昆虫等各种节肢动物也是其主食，它们还会捕食鼠类、其他鸟类幼鸟和鸟蛋，偶尔也会吃些植物嫩芽、种子和果实，几乎没有它们不吃的。以大嘴乌鸦为代表的鸦科鸟类有个有趣的习性——喜欢用啄尾巴的方式打扰和挑衅其他动物。这种有点“耍流氓”的行为引起许多学者和自然爱好者的注意，但这种行为是否只是出于好奇，还未有定论。

小档案 |

长羽毛的“类人猿”

鸟类的记忆力各有千秋，其中鸦科鸟类是鸟类中的记忆大师和高智力类群，其以“非凡的记忆力、巨大的好奇心、高度的社会性及多样化的生态可塑性”而闻名，在科学家的多项认知测试中，鸦科鸟类的智力与记忆力表现与类人猿相当，甚至超过类人猿，如新喀鸦会制作钩型工具以捕获缝隙中的昆虫，它们是除人类外，目前已知唯一能够制造钩形工具的物种；秃鼻乌鸦能躲避人为制造的陷阱；北美星鸦、蓝头鸦和西丛鸦在一周后，能够准确找到零散分布于90个位点中的食物贮藏点。这为它们赢得了“长羽毛的类人猿”的称号。

大山雀 *Parus minor*

白脸山雀大个子

科目｜雀形目 山雀科　居留型｜留鸟　保护级别｜“三有”保护动物

小人国中大个子

大山雀，听起来像是某种大型鸟类的名字，但其实这种属于山雀科的鸟类体长不到15厘米，只是在同科亲戚中属于“大个子”而得名。山雀科的许多成员体长仅7～12厘米，是一群不折不扣的“小不点”。

成年大山雀的体色主要呈黄绿色，头部为黑色，两颊各有一块显眼的白斑，胸前有一道黑色纵纹，身材一般较为敦实，辨识起来并不困难。但需注意的是，大山雀有许多亚种，各亚种之间外形仍存在些许差别。

分布广泛历史长

大山雀曾经包含30多个亚种，分布于整个欧亚大陆及非洲北部。在观鸟活动发源地的欧洲国家，大山雀是观鸟人最容易观察到的鸟类，欧洲鸟类学者从生态学、行为学、遗传与演化等方面对大山雀进行了持续一百多年的学术研究。2005年鸟类学者通过DNA研究将大山雀分为欧亚大山雀（*Parus major*）、大山雀（*Parus minor*）、苍背山雀（*Parus cinereus*）3个独立物种。我国大部分地区分布的是大山雀，新疆和内蒙古东北部分布的是欧亚大山雀。

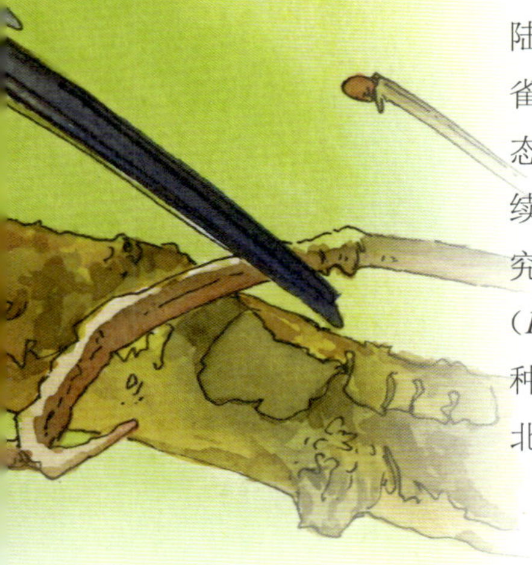

大山雀

鸟不可貌相

大山雀的喙粗短而结实，能取食多种多样的食物，昆虫、植物种子和果实等都是它们的取食对象。在繁殖期或冬季，食物匮乏或蛋白质需求增加时，它们也会开始捕猎动物，不仅会捕食蜥蜴、壁虎和鼠类等小型动物，有时还会捕食其他小型鸟类，甚至取食猎物的脑髓。因此，大山雀在观鸟爱好者中也有“食脑狂魔”的戏称。别看大山雀打了条黑领带，文质彬彬的样子，谁能想到这样的“小可爱”也有如此残暴的行为呢。

大山雀的两颊有显眼的白斑

长尾缝叶莺 *Orthotomus sutorius*

长尾巧嘴小裁缝

科目 | 雀形目 扇尾莺科　居留型 | 留鸟　保护级别 | “三有”保护动物

长尾缝叶莺吸食木棉花蜜

尾巴修长小毛球

在雀形目的扇尾莺科中，有一群被称为“缝叶莺”的鸟类。

缝叶莺家族的个头都不大，我国华南地区最常见的是长尾缝叶莺，体长仅约12厘米，背部黄绿色，头部棕褐色，胸、腹、颈部及面部呈较淡的灰白色，一双小眼睛炯炯有神，常常翘着长而笔直的尾巴在树丛中飞来跳去，还不时地发出清脆欢快的鸣叫声。长尾缝叶莺尾巴长度接近全身长度的一半，因而名字中有“长尾”二字。

如果在夜间发现了长尾缝叶莺，它们大概率是出现在距离地面不足2.5米的树枝上，脑袋歪斜着置于翅膀下面，两只小爪子紧紧握住枝条，正睡得忘乎所以，像一团黄绿色的毛球。

手艺精巧小裁缝

长尾缝叶莺

长尾缝叶莺有一项著名的“祖传手艺”——用各类纤维在树叶中缝制巢穴。在繁殖季节，它们会化身为“袖珍裁缝”，选择有强健支撑力的树叶，如芭蕉、濠槁木姜子等植物的叶子，以喙为针在每张叶片边缘都啄出一列小孔，再以植物的须根、木棉果絮、蜘蛛丝和动物毛发等作为缝合线，在喙的牵引下穿过孔洞，将叶片边缘缝制牢靠，编织出一个鸟巢外壳。叶质外墙完成后再垫满柔软的草茎和棉毛，一个隐匿在树丛间，安全又舒适的鸟巢就大功告成了。

快速成长避风险

长尾缝叶莺对后代的悉心照料，不仅体现在精心缝制的巢穴上，还体现在为幼鸟喂食上。后代出生后，亲鸟开始大量捕捉昆虫并为幼鸟喂食。由于体型小，缝叶莺比起其他鸟类成长速度要更快一些，孵化及育雏期仅12～14天，即半个月内雏鸟就能够离开巢穴生活。快速成长能让缝叶莺更早独立觅食，规避因发育过慢带来的风险。

尾缝叶莺的巢穴（正面）

长尾缝叶莺的巢穴（侧面）

尾缝叶莺给幼鸟喂食

家燕 *Hirundo rustica*

飞入寻常百姓家

科目 | 雀形目 燕科 **居留型** | 留鸟/夏候鸟/过境鸟/冬候鸟 **保护级别** | "三有"保护动物

檐下筑巢是近邻

因在筑巢时喜欢选址在人类的屋檐之下，故得名“家燕”，它们也是儿歌中唱的“小燕子”。在农村的屋檐下，很容易发现家燕的碗状巢穴，也正因此，家燕也是少数可以足不出户就能观察到的鸟类之一。

家燕分布范围极广，且在不同地区的家燕繁殖时间不同，一般集中于春夏季节。繁殖期，雌、雄鸟会先准备筑巢，巢穴一般选址于屋檐或房顶下方约10厘米处。雌、雄鸟先是共同前往河滩、湖岸和水田等处衔回泥土和草茎等纤维状材料，筑成半个碗状的巢穴外壳，再将柔软的植物纤维、鸟类羽毛或棉花团等垫于巢底，整个巢穴完成需耗时8～14天。大多数家燕一年繁殖两次，一窝产4～6枚卵。

流线身姿擅飞行

家燕的食谱中，昆虫占了绝大部分。在开阔的农村及周边田野中，生存着大量的蚊、摇蚊、蝗虫和蛾类等昆虫，它们都是家燕的优质食物。为了追击这些小型昆虫，家燕演化出了极为灵巧又适合高速飞行的身体结构。流线型的身姿、发达的翅膀和剪刀状的尾，可以用超过每秒10米的速度在空中快速飞行，并且能以极大角度完成空中转弯动作。凭借出众的飞行能力，家燕不仅能轻松捕获各类昆虫，也极擅长躲避天敌，即使是猛禽也无法轻易击落这群“王牌飞行员”。

迁徙足迹布全球

家燕是一种广布全球的鸟类，多为候鸟，因其迁徙的习性，全球各大洲都有家燕的落脚点。欧洲的家燕种群，会飞往非洲越冬；东亚的种群，会飞往南亚及大洋洲越冬；北美洲的种群，会飞往中南美洲越冬；我国北方的家燕（具红色的腹部），常飞到海南或东南亚、南亚越冬。因此，家燕不仅为世界各国人民所熟悉，也成了生态学家广泛研究的对象。即使经过千百里的长途跋涉，它们也总能找到自己上一年所筑巢穴的准确位置，并修补原巢穴，或是在附近重新筑巢，可谓十分“恋家”。但家燕的巢穴不如金腰燕的精致，看上去甚至有些粗糙，因此人们还给它们起了“拙燕”的外号。

家燕群

金腰燕 *Cecropis daurica*

腰缠金带虫克星

科目｜雀形目 燕科 **居留型**｜留鸟/夏候鸟/冬候鸟/过境鸟 **保护级别**｜“三有”保护动物

细观燕巢有蹊跷

如果你满怀着对燕子的好奇来到农村房屋的檐下观察它们的巢穴，会发现常见的燕巢有两种。一种是家燕的碗状巢穴，另一种则是看起来更为精致的瓶状巢穴。这种瓶状巢穴一般建造于房顶和墙面的交界处，尤以墙角居多，顶部与房顶相连，外观质地与家燕巢穴差不多，仅在“瓶口”处有一开口，供巢中燕子进出。若仔细观察瓶状巢穴中出入的燕子，会发现其腰部有一横向的金黄色斑纹，仿佛系着一条金腰带，这就是金腰燕。除此之外，区别于家燕，其胸腹部还有许多较细的黑色纵纹。

由于巢穴形态比家燕更为复杂精巧，金腰燕在我国也有“巧燕”的称号，它们的分布范围虽不及家燕广，但在亚洲东部、欧洲南部和非洲部分地区也较常见。

高效的捕虫机器

金腰燕就像一台永远都不会累的“捕虫机器”，热衷于在天空中追捕各种飞虫。偶尔休息时，它们喜停息于枝头或电线上。在我国的许多地方，金腰燕都是夏候鸟，它们的繁殖季节与农忙时节相重合，育雏期的金腰燕会大量捕捉农田里的昆虫以补充蛋白质，属于农业中的“益鸟”。

高频喂食模范父母

繁殖季节的金腰燕可谓模范父母，它们不仅会用18～20天的时间一同筑巢，更是会在燕宝宝出生后开始忙碌地进行育雏工作。根据观察和统计，天气晴好时，亲鸟每小时会向幼鸟喂食15次之多，即使在中雨等恶劣天气时，也会尽力外出觅食，并保持着约每半小时喂食幼鸟一次的频率。如此高频的喂食，可能是因为燕子体型和力量较小，无法制服大体型的猎物，每次只能捕捉体型较小的昆虫，通过“少量多次”的形式来满足雏鸟的营养需求，使其能够快速生长。经过约30天的哺育，巢中的3～6只金腰燕宝宝才会完成发育，开始出巢活动。经过精心照料的金腰燕宝宝吃着蛋白质丰富的各类昆虫长大，在蓝天下展翅飞翔，成为人类又一位维护生态平衡的“野生邻居”。

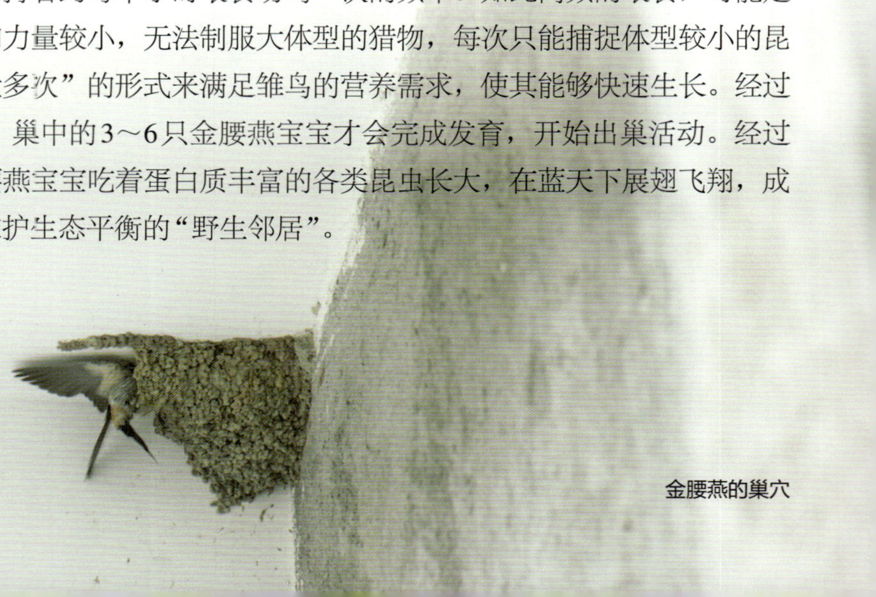

金腰燕的巢穴

红耳鹎 *Pycnonotus jocosus*

自带腮红高髻（jì）冠

科目｜雀形目 鹎科　**居留型**｜留鸟　**保护级别**｜“三有”保护动物

红耳鹎的独特发型

红耳鹎眼睛下后方有一块鲜艳的红斑

独特发型天上冲

有些鸟类时刻与人保持距离，也有些鸟类和人生活得很近，只需从家中阳台往外望去，就能观察到，红耳鹎就是其中一员。在我国华南和西南地区的城市公园和小区中几乎都能看到红耳鹎的身影，它们体型小巧，眼睛下后方有一块鲜艳的红斑，仿佛长了一对鲜红色的耳朵，紧接一块白斑，头顶有一束向上竖起的羽毛，甚为醒目，看起来好像精心打理的“莫西干发型”。红耳鹎非常喜欢站在高处，常在枝头、电线杆或是屋檐落脚，因为有着独特的外形气质，加之不太惧人，因而显眼易见，是广东城市环境中最常见的鸟类之一。

鹎取食马缨丹的果实

木棉树上的红耳鹎

鹎类精灵食性广

红耳鹎主要以植物性食物为食，其常啄食灌木和其他树木的种子、果实和花瓣，有机会它们也会捕食昆虫。食性广是红耳鹎适应城市生活的原因之一。

红耳邻居喜温暖

冬季的红耳鹎看起来胖乎乎的，其实是它们蓬松的羽毛，看上去像穿了厚厚的羽绒服，但这身“羽绒服”的御寒能力有限，使它们只能在气候温暖的区域生存。因此，它们主要分布于气候温暖的区域如东南亚、南亚及我国的广东、广西南部、贵州、云南南部和西藏东南部。但值得注意的是，可能受全球气候变暖的影响，这些年红耳鹎的分布地域呈现向北延伸的趋势。在2010年左右，河南、上海和广西北部等不曾有红耳鹎分布记录的地方，都陆续有观鸟者发现了零星的红耳鹎活动。

白头鹎 *Pycnonotus sinensis*

喜食花果白头翁

科目｜雀形目 鹎（bēi）科　**居留型**｜留鸟/冬候鸟/过境鸟　**保护级别**｜“三有”保护动物

城市邻居白头翁

在城市生活的飞羽邻居中，常见一位“白头翁”，说的不是人，而是一种鸣禽——白头鹎。成年白头鹎后脑勺的枕部有一大团白色羽毛，远看就像个两手背在身后的白发小老头，故而就有了白头翁、白头婆等外号。白头鹎是一种在城市中露面频率极高的鸟类，它们常常组成不足10只的小群，在城市的行道树、建筑与绿化带之间觅食、鸣叫。鸟群中，会有枕部白羽明显的成年白头鹎，也会混杂枕部羽毛还没变白的白头鹎幼鸟。在粤西地区，还有机会见到头顶至枕部均为黑色的白头鹎两广亚种（*Pycnonotus sinensis hainanus*）。很多时候，它们也会和其他城市鸟类如红耳鹎、珠颈斑鸠等一起活动。

互惠互利忙不停

白头鹎是一种杂食性鸟类，但较偏向植食。每年的二三月份，广州的市花——木棉会陆续盛放，许多嘴馋的鹎类都会闻香而动，前来啄食木棉的花蜜及花上的昆虫，白头鹎就是其中最活泼的一类，经常一边啄食木棉花蜜，一边发出欢快的叫声。它们的取食行为，能够帮助植物传粉，使植物顺利结出果实。它们也喜欢吃植物果实，南方城市中常见的苦楝、榕树、香樟和桑寄生等植物的果实都在它们的食谱之中。它们吃下植物果实后，其中的种子无法完全消化，会短暂地留在体内，在其四处活动时一同“旅行”，最后被排出体外时，这些种子就可以扩散，在其他区域生根发芽。在花朵和果实较少的季节，白头鹎也会捕食昆虫，让植物更好地生长。可见，白头鹎是植物的好帮手，它们从植物身上获得营养，也帮助植物繁殖、扩散和生长，体现了物种间互利共生的关系。

头鹎指名亚种（白头）和两广亚种（黑头）混群

春末夏初新生儿

每年的春末夏初是白头鹎营巢繁殖的季节，这时它们会变得格外活泼，雄鸟开始站在高处一展歌喉，鸣叫时，头顶与枕部的羽毛还会蓬松撑起，那块标志性的白斑也会变得更大。南方的白头鹎有时每年能繁殖两次，筑巢和孵卵的任务几乎都由雌鸟独自承担，雄鸟更多的是紧随其后担任“保镖”的角色，但育雏的工作由雌雄亲鸟共同承担。由枯草编成的碗状巢穴竣工后，雌鸟会产下2～6枚紫红色带斑点的卵。鹎类的雏鸟都是晚成雏，需要在巢内由亲鸟照料9～12天，才开始离巢活动。

龙牙花上的白头鹎

梅树枝头的白头鹎

白喉红臀鹎 *Pycnonotus aurigaster*

显眼红臀枝间跃

科目 | 雀形目 鹎科　**居留型** | 留鸟　**保护级别** | “三有”保护动物

白喉红臀鹎
臀部为鲜红色

红臀白喉枝头跃

白喉红臀鹎的外形和红耳鹎相似，但头部没有耸立的黑色冠羽，喉部为白色。它们羽毛上也有红色的斑块，不过红色斑块不像红耳鹎长在耳朵的位置，仅在臀部有红斑。比起适应城市生活的红耳鹎和白头鹎，白喉红臀鹎更喜欢在城郊的农村和山地间活动。清晨或黄昏，很容易观察到它们在枝头跳跃着取食果实和花蜜的身影。白喉红臀鹎的分布区和红耳鹎也较相似，主要分布在我国的东南、西南各省区，但最北仅至湖南省，比红耳鹎的分布区靠南一些，也表明这种鸟对寒冷的接受程度较低。国外的中南半岛、印尼和菲律宾诸岛也能见到它们的身影。

大树开花鸟餐厅

鹎科鸟类的习性大都很相似，主要特征有：喜集群活动；更倾向于在树上生活，不常下地；食性较杂；幼鸟成长速度很快，能适应在人类居住地附近活动。白喉红臀鹎、白头鹎和红耳鹎经常会一起活动，共同啄食木棉花朵或果实。当榕树或柿树等果实成熟的时候，常能在一棵树上看到数种鹎类共享一场“饕餮（tāo tiè）盛宴”。

喉红臀鹎的幼鸟（左1）和成鸟（右1、右2）

偏好肉食巧生存

在本书提到的3种鹎科鸟类中，白喉红臀鹎是最偏爱吃动物性食物的一类。有研究表明，在春季，它们的动物性食物占比可达42％，白头鹎和红耳鹎则分别为25％和24％，远小于白喉红臀鹎。这三种鹎类在野外的种群数量都非常大，体型、习性又较为相似，如果它们都取食植物的花朵和果实，可能会面临食物不足、互相竞争的情况，这种现象被称为生态学上的种间竞争。更多地取食动物性食物，让白喉红臀鹎不需要与偏爱植物的另外两种鹎类竞争食物，这是它们避免种间竞争的小窍门。自然界中既有合作，也充满了竞争，每个物种独自进化出各自的生存本领，都是为了应对自然的考验，寻找生命的出路。

白喉红臀鹎吸食朱槿花蜜

暗绿绣眼鸟 *Zosterops simplex*

银白眼圈袖珍鸟

科目 | 雀形目 绣眼鸟科　**居留型** | 留鸟/冬候鸟/夏候鸟　**保护级别** | "三有"保护动物

红花荷上的暗绿绣眼鸟

暗绿绣眼鸟吸食朱缨花花蜜

小巧机灵“白眼圈”

生活在我国中、东部或南方地区，又喜欢在公园等绿化较好的人工环境中散步的人们，很可能与一种小巧机灵的鸟类偶遇过——这种鸟体长约10厘米，身上大部分为橄榄绿色，眼眶上一圈白色，仿佛在眼睛旁绣上了浅白色的花纹，这就是暗绿绣眼鸟。它们常集为5～10只的小群，有时还会组成30～40只的大群，常在植物枝叶中来回跳动，似乎在忙碌着什么，同时还会发出响亮欢愉的叫声。

轻量级生存高手

暗绿绣眼鸟常生活在城市中，因其体型小巧，只需取食小型植物果实及小型节肢动物，就能为这具小身板提供足够的能量。城市中人工种植的许多开花植物，如朱缨花、木棉、美丽异木棉、刺桐和澳洲鸭脚木等，都是暗绿绣眼鸟的能量来源，小巧玲珑的暗绿绣眼鸟瞅准了这些大而美丽的花朵，吸食它们的花蜜。娇小的身形也使暗绿绣眼鸟可以敏捷灵活地在茂密的树丛间穿行，从而躲避流浪猫等捕食者的攻击。

绣眼虽多需保护

暗绿绣眼鸟外形美丽、鸣声悦耳、体型小巧、分布广泛。为了保护这种鸟类，我国将暗绿绣眼鸟列为“三有”保护动物，立法禁止对其非法捕捉与利用。我们需要明确的是，即使不在保护名录中的物种，也应该受到尊重和保护，任何一种生物都有它在生态系统中的价值，这种价值看不见摸不着，但对人类赖以生存的环境影响深远。

黑领噪鹛 *Pterorhinus pectoralis*

林下花脸戏剧家

科目 | 雀形目 噪鹛科　居留型 | 留鸟　保护级别 | “三有”保护动物

枝间鸟儿唱大戏

噪鹛科是个“复杂”的家族，它们的成员名字都很像，如黑领噪鹛、黑脸噪鹛、小黑领噪鹛和黑喉噪鹛等。

为何它们的名字都有“噪”字？原因是它们经常发出高亢而吵闹的“噪声”。噪鹛的鸣叫声听来并不优美，非常嘈杂，但却非常好辨认。它们会在森林、田野和城市周边高声鸣唱，不仅喜欢自己叫，而且还喜欢“凑热闹”——当一只噪鹛开始鸣叫时，周围所有噪鹛便会开始一齐放声高唱，像在上演一场“大合唱”。

画脸谱又穿戏袍

黑领噪鹛的外形在噪鹛科中属于比较花俏的，其眼睛后的放射状斑纹让人印象深刻，脸颊上布满的黑白交错的斑点像京剧演员的脸谱，辨识度较高。除了脸上的花纹，黑领噪鹛胸部还有一块“U”形的黑斑，像是穿着一件颇有仪式感的黑领戏服，它们的名字也由此而来。

黑领噪鹛胸前具"U"形黑斑

声大胆小警惕高

黑领噪鹛虽叫声响亮，胆子却较小，随时保持着较高的警惕性，这使它们成为一种常闻其声，却难见其身的野生邻居。

黑领噪鹛几乎只在灌木丛中活动和鸣叫，不常到开阔地。茂密的树丛可以为这群喜欢鸣叫的家伙提供掩护，使天敌难以通过鸣声来追踪到它们的具体位置，同时也能为它们提供果实、种子和昆虫等丰富的食物来源。夜晚休憩时，灌木和树丛也是黑领噪鹛的天然"伪装网"，让它们能睡个安稳觉。

画眉 *Garrulax canorus*

林中歌手画白眉

科目 | 雀形目 噪鹛科　**居留型** | 留鸟　**保护级别** | 国家二级保护野生动物

画眉全身呈橄榄棕色

眉纹银白歌声妙

画眉是一种特征明显且人们非常熟悉的鸟类。它们全身呈橄榄棕色，眼周一圈为银白色，其上缘白色向后延伸成一窄线直至颈侧，形如眉纹，因此被称为画眉。雌雄鸟外观相似，难以区分。虽然长相不华丽，但作为著名的“歌唱家”，这身羽衣能使它们更好地隐藏在树丛中鸣叫而不怕被天敌发现。画眉的声音十分洪亮，歌声悠扬婉转，雄性画眉为了讨取雌性的欢心，会尽可能地通过歌声展示自己，是典型的鸣禽。不过，若遇到二雄争一雌，歌声难分高下的情况，它们会直接从歌唱家转变为全武行，通过激烈的打斗决一胜负。

千年文化存鸟身

由于鸣声婉转动听，画眉自古以来深受人们的喜爱，目前也被列为广州市的市鸟。

历史上，画眉曾是用于观赏的鸣禽，早在千年前就有文学作品记述了这种鸟类被饲养的情景，如宋代欧阳修写的《画眉鸟》：“百啭千声随意移，山花红紫树高低。始知锁向金笼听，不及林间自在啼。”然而，正如诗词中所写，画眉在美丽的金笼中发出的声音，远不如在林间自由自在地鸣叫动听。为保护这种鸟类，我国将其列为国家二级保护野生动物，禁止对它们的非法捕捉和饲养。

画眉具银白色眉纹

林间自在寻虫迹

画眉属留鸟，主要在丘陵山区生活，在乡村和绿化较好的城市地区也能见到。在春夏季节，不难观察到它们在林间跃动和觅食的身影。它们是杂食性鸟类，但更偏好以昆虫作为主食，许多农林害虫如蝗虫、毛虫等是它们的最爱。在繁殖季节，亲鸟为了使雏鸟快速生长，会大量地捕捉昆虫。在食物较匮乏的秋冬季节，它们也会采食植物的种子和果实。

八 哥 *Acridotheres cristatellus*

八字白斑翼下藏

科目 | 雀形目 椋鸟科　居留型 | 留鸟　保护级别 | “三有”保护动物

翼下白斑呈八字

在我国，八哥是一种极为常见的鸟类，虽全身乌黑，但辨识特征仍十分明显。飞行时，其翅膀下会露出两枚显眼的白斑，呈“八”字形排列，这也是“八哥”一名的由来。八哥的喙和足均呈黄色，喙基部一撮爆炸式的“鼻毛”又为它增添了几分趣味，这其实是它的额羽。如果通过望远镜或近距离观察，会发现浑身乌黑的八哥竟有一对橙红色的眼睛，眼神中带有几分杀气。

善“学舌”却引觊觎（jì yú）

八哥较为亲近人类，也是鸣声最为多样的鸟类，擅长模仿各种声音，甚至可以模仿人类说话，但这并不表示它们能理解人类的语言，而是其“效鸣”的天性使然。因这个天性，人们曾将八哥作为宠物鸟饲养。随着这些年我国野生动物保护工作力度加大，八哥的野外种群得到了良好恢复，在城市里很容易见到它们的身影。

电线上的两只八哥

嘴插缝隙巧觅食

观察八哥的最佳地点是不喷洒农药的草坪，它们常会单独或集群在草坪上觅食——弓着腰低着头，双翅置于后背，迈着缓慢而有节奏感的步伐，在草坪上地毯式地搜索昆虫、蚯蚓和植物种子等食物，模样像是背着手散步的老人家。有时草坪表面找不到食物了，八哥还会把喙插入泥土缝隙间翻找，取食隐藏其中的昆虫和蠕虫等。

黑领椋鸟 *Gracupica nigricollis*

白头黑领花八哥

科目｜雀形目 椋鸟科　**居留型**｜留鸟　**保护级别**｜“三有”保护动物

戴着黑围脖、披着花斗篷的黑领椋鸟

戴黑领又穿花衣

在八哥所属的椋鸟科中，还有一种广泛分布于我国南方多个省份的鸟类——黑领椋鸟。远远看，这种鸟最显眼的特征就是黑白相间、领口乌黑的“花衣裳”。因为黑领椋鸟与八哥在姿态、习性和行为方面相似，所以也被人称作“花八哥”“黑领八哥”。实际上，黑领椋鸟体表的花纹远比八哥复杂——除了显眼的“黑领”，黑领椋鸟的腹部和头部被白色羽毛覆被；翼缘、尾缘也有白羽，其余部分则覆盖着灰黑色的覆羽；眼眶和眼周皮肤鲜黄色，仿佛戴了一副金圈的墨镜。

成群结队振翅飞

八哥和黑领椋鸟所属的椋鸟科鸟类喜欢在草地和农田边缘等开阔地带活动，每天活动的时间也很长，是一种容易观察的鸟类。它们喜欢集群活动，在日常活动时，一般组成3～5只的小群，在迁徙时则会聚集成大群。在广州南沙等地，曾经观察到数万只椋鸟集群飞行的场景，发出的振翅声响彻云霄，场面甚是壮观。黑领椋鸟偏好在高压电铁塔筑巢繁殖，巡线工人要费不少工夫与其斗智斗勇，既要防止它们对输电线产生危害，又不能伤害它们。

广东的椋鸟家族

除黑领椋鸟外，广东省常见的椋鸟种类还有丝光椋鸟和灰椋鸟。丝光椋鸟的羽毛会反射出丝绸一般的光泽，非常美丽，喜欢聚集成大群活动。而灰椋鸟颜色较暗淡，羽毛呈暗灰色，喜欢集成小群觅食。椋鸟科与人类的关系密切，作为常见留鸟，它们是观鸟爱好者极好的“练眼”对象，它们以蝗虫等农业害虫为主食，也是农业生产的好帮手。

落满榕树果实的地面寻找食物

乌鸫 *Turdus mandarinus*

乌黑机灵百舌鸟

科目 | 雀形目 鸫科　**居留型** | 留鸟　**保护级别** | "三有"保护动物

浑身乌黑非乌鸦

乌鸫是一种常见的鸟类，广布于我国大部分省市，是中国特有种。由于几乎全身乌黑，许多不了解鸟类的人可能会将乌鸫当作乌鸦，但其实它们分属于不同的家族——鸫科和鸦科，它们除了长得有几分相似外，彼此的亲缘关系并不相近。乌鸫几乎全身漆黑的羽毛令它们也有黑鸫、黑山雀、中国黑鸫等众多俗称。

乌鸦的体型很大，几乎全身乌黑。而乌鸫体型则要小一些，并且喙呈鲜艳的黄色。乌鸫雄鸟的眼眶呈鲜黄色，雌鸟和幼鸟眼眶黄色略浅。在广东，乌鸫在城市区域更为多见，而乌鸦则更多在田间、林间出现。

爱吃虫的小短腿

乌鸫喜食昆虫，常在地面活动，不时能在城市和乡村看到它们一边步行一边翻找草地和土壤中的昆虫，一副悠闲自得的神态。乌鸫很擅长翻找地表浅层的无脊椎动物，有时还会用"拔河"的方式扯出并捕食土中的蚯蚓和蠕虫。除食肉外，乌鸫偶尔也会取食果实等植物性食物。乌鸫虽对城市生活有一定的适应能力，但对人类仍保持一定的戒备之心，当感觉到危险靠近时，它们会迅速飞上枝头。

叫声多样的百舌鸟

乌鸫擅长鸣叫，并且能模仿多种鸟类的叫声，被称作"百舌鸟"。乌鸫喜欢在太阳初升时鸣叫，鸟鸣声婉转多变。它们会在每年3月交配，一年产一窝或两窝，巢内通常有4～6枚卵，卵壳呈漂亮的浅蓝色且有不规则的棕褐色斑点，通常需要一周时间孵化。刚能出巢活动的雏鸟身上还有棕色、利于隐藏的斑纹，随着成长斑纹会逐渐变为乌黑色。

紫啸鸫 *Myophonus caeruleus*

紫袍白斑溪边啸

科目 | 雀形目 鹟科　**居留型** | 留鸟　**保护级别** | “三有”保护动物

蓝紫外衣易辨认

在我国南部和中东部地区的农村郊野、果园和森林中，有时能观察到一些长度中等、泛着美丽蓝紫色金属光泽的鸟类羽毛，这大概率是从一种叫紫啸鸫的鸟类身上掉落的。紫啸鸫的身材和乌鸫有些相似，但浑身上下都泛着蓝紫色光泽，在明媚的阳光下尤为耀眼，紫啸鸫也因这身美丽的羽毛而极易辨认。

“独行侠”紫啸鸫

“口哨”声响彻天空

紫啸鸫非常喜欢鸣叫，在每天的清晨和黄昏会发出类似口哨般响亮的啸鸣声，仿佛在宣告白昼的开始和结束，它们名字中的“啸”就与这一习性有关。

紫啸鸫还有一个有趣的习性——夜晚喜欢躲在无人的房屋中休憩，荒郊野外的无人庙宇或废弃房屋是它们最喜欢的“旅馆”。如果夜晚睡觉时受到人类惊扰，它们会迅速飞离，并发出尖锐刺耳令人害怕的怪叫，不少夜里经过山野的行人都有被它们惊吓过的经历。

溪边寻宝巧觅食

紫啸鸫一般单独行动，喜欢在山涧溪流等较为隐秘的水源处觅食。它们常在石头上灵活地跳跃，不时将树叶或小石头翻转，这是它们在“开宝箱”，因为这些石头下藏着它们喜爱的食物，比如昆虫、蠕虫、蟹类和两栖类动物。有时它们甚至会捕食小鼠和小蛇，是一种偏好肉食的鸟类。

鹊鸲 *Copsychus saularis*

尾巴高翘小喜鹊

科目｜雀形目 鹟（wēng）科　**居留型**｜留鸟　**保护级别**｜“三有”保护动物

鹊鸲幼鸟

四季活跃的“小喜鹊”

成年雄性鹊鸲长了一身黑白相间的羽毛，外形与喜鹊较为相似，这也是它名字中带有“鹊”字的主要原因。但两者其实很好区分，喜鹊有约40厘米的硕大体型，而鹊鸲只有约20厘米。雄性鹊鸲的上半身乌黑发亮，而翅膀、腹部和尾部的部分羽毛为白色；雌性则偏灰色，不似雄鸟那样“黑白分明”，幼鸟亦是如此。随着年龄的增长，雄性幼鸟的体色会越来越深，慢慢长成黑白分明的模样。鹊鸲的性格活泼，分布广泛，一年四季都能听到它们婉转动听的鸣叫，也能看到它们在草地上一蹦一跳、高高翘着尾巴四处觅食的活泼身影。鹊鸲活泼好动，鸣声悦耳，浑身洋溢着喜庆的感觉，因此鹊鸲也被称为“四喜鸟”。

雄性鹊鸲

雌性鹊鸲

屏住呼吸摄美食

鹊鸲对人类居住的环境有极高适应性，在城市中非常常见。鹊鸲以昆虫为主食，灵活的身体和发达的视力为它们的取食提供了很大的帮助。对于觅食的环境，鹊鸲则丝毫不讲究。在过去农村家家户户都养猪的年代，这种聪明的鸟儿就发现农村的猪圈、旱厕和垃圾堆附近有很多蝇类的幼虫——蛆。蛆在鹊鸲眼中就是富含高蛋白的美味“肉丸”，它们常会来到这类环境中高效地觅食，更快地摄入营养，不仅能满足它们日常所需，也能让它们安稳度过极端天气。

凶狠好斗的雄鸟

在3—8月的繁殖季节，鹊鸲雄鸟会变得极为好斗，经常为了在雌鸟面前一展雄姿而互相打斗。有时两只雄鸟甚至会从树冠纠缠到地面，打得难解难分。雌雄配对后，会使用细长的树枝、树叶和树皮等纤维质材料制作碟状的巢，有时人工塑料和毛发也会成为它们筑巢的材料。雌鸟产下的卵需要两周左右时间孵化，雏鸟由雌雄鸟共同哺育。一些雄鸟会有一种特有的行为——它们会飞到其他鹊鸲的鸟巢中，杀死其他鹊鸲的雏鸟。这种非亲杀雏行为主要是为了让自己的后代能够有更多的生活资源，在一些社会性生活的肉食性兽类中更为常见，但在鸟类中还较少见。

北红尾鸲 *Phoenicurus auroreus*

候鸟先锋小毛球

科目 | 雀形目 鹟科　**居留型** | 冬候鸟/过境鸟　**保护级别** | “三有”保护动物

生北红尾鸲

冷空气的伴随者

雌性北红尾鸲

每年10月左右，北红尾鸲会带着它们清脆的歌声，先于冷空气到达广东。北红尾鸲夏季在华北等地繁殖，冬季则南迁至长江以南越冬，在广东省内它们属冬候鸟。雄性北红尾鸲的脑袋乌黑，头顶还有一抹亮眼的银灰色，整片胸腹部则是鲜艳的橙红色。雌性身体基本呈褐色，颜色相比雄性要暗淡许多。一些营养较好的北红尾鸲身材会非常圆润，远看就像一团小毛球，憨态可掬。

精致小雀喜食虫

许多小型雀类偏爱素食，北红尾鸲则偏爱肉食，它们以昆虫作为主食，极少吃谷物、草籽。优秀的短距离飞行能力让北红尾鸲可以敏捷地躲避危险和天敌，也能让它们轻松捕获飞行中的昆虫。

俯冲

独特行为易辨认

北红尾鸲看起来憨态十足，但其实它们非常灵活与机警，能快速地在枝头间飞行跳跃，轻易躲避天敌的追击。因此，北红尾鸲敢于到开阔的林缘、田地活动，甚至出现在一些城市公园中。在日常活动中，北红尾鸲总会展露出一副古灵精怪的可爱姿态，不停上下摆动或抖动自己的尾巴，还时常发出一连串频率固定且清脆响亮的“唧唧唧唧”的叫声，此行为在雄性中尤为常见。在观鸟时，由于逆光等因素，经常会遇到因看不清鸟体颜色而无法辨认鸟种的问题，但由于北红尾鸲有快速振动尾巴的行为，即使在光线不足时，也很容易辨认。

叉尾太阳鸟 *Aethopyga christinae*

闪亮叉尾花间舞

科目 | 雀形目 花蜜鸟科　居留型 | 留鸟　保护级别 | “三有”保护动物

雄性叉尾太阳鸟

精致艳丽太阳鸟

雄性叉尾太阳鸟，具备音叉状的尾巴

鲜花盛开的时节，在广东的城市、郊野和森林中，时不时都能看到一种色彩极为艳丽的小型鸟类在花丛间跳跃。这种颈背部和尾部闪耀着蓝色金属光芒，喉部和胸部系着一条鲜红色"胸巾"，体长仅有10厘米左右的鸟儿便是雄性叉尾太阳鸟。对觅食生存来说，这身奇特美艳的羽色不能起到帮助作用，反而更惹天敌瞩目，是徒增危险的"装饰性特征"。但从繁衍的角度来看，鲜艳的羽色在吸引雌鸟时具有更强的竞争力，这是典型的"性选择"结果。

和大多数雀形目鸟类一样，叉尾太阳鸟的雄性要比雌性色彩更加艳丽（手绘图展示，左雌右雄），雌性几乎浑身呈橄榄黄绿色，只有一些细小的浅黄色斑点镶嵌其中，如此低调的体色让它们更容易隐藏，有助于繁育和生存。

喜食甜蜜花间舞

叉尾太阳鸟以花蜜为主食，其眼睛对花朵鲜艳的颜色有着敏锐的感知能力。而人类喜好在花园、公园和绿化带等处种植美丽的开花植物，如羊蹄甲、木棉、刺桐等，这些植物都会吸引叉尾太阳鸟频频造访。

叉尾太阳鸟体型娇小，体重甚至不足10克，轻巧的体型使它们能站在花瓣上取食花蜜。细长而弯曲的鸟喙，配合嘴里细长的管状舌头，可以帮助它们吸食藏在花朵深处的花蜜。正因这种特殊的外形和习性，叉尾太阳鸟也被称为“花蜜鸟”，还有爱鸟者给它们冠以“中国蜂鸟”的称号。

尾形独特似音叉

太阳鸟属有很多成员，我国已知的有7种，其中火尾太阳鸟、绿喉太阳鸟和蓝喉太阳鸟等都是体色艳丽的小型鸟类。雄性叉尾太阳鸟在家族中未必是最显眼的，但它们身上有一个相当独特的辨识特征——像音叉一样的“丫”形尾巴，通过这个特征可以很容易地辨认出它们，叉尾太阳鸟之名也由此而来。

鸡冠刺桐上的雌性叉尾太阳鸟

白鹡鸰 *Motacilla alba*

波浪飞行张飞鸟

科目｜雀形目 鹡鸰科 **居留型**｜留鸟/冬候鸟/过境鸟 **保护级别**｜“三有”保护动物

踱小碎步黑白鸟

在我国绝大部分省份的山野、城市、乡村，都有机会发现白鹡鸰的身影。它们是一类体型纤瘦，体色以黑白为主的鸟。它们一般单独活动，会在地面用极高频率的小碎步快速行走，尾巴几乎一刻不停地上下晃动，看上去十分机灵可爱。

白鹡鸰成鸟

白鹡鸰幼鸟，还未具黑白分明的斑纹

波浪飞行喜亲水

虽然白鹡鸰的外观特征和“多动”习性已足够具有辨识度，但它们飞行时更加容易辩认。它们的飞行轨迹呈波浪形——在波谷扇动翅膀抬升，到达波峰时收翅，下坠至波谷时再扇翅，如此反复，这种极具特色的飞行模式可节省不少力气。白鹡鸰的叫声清脆悦耳，常发出从低到高的“唧～唧～”两声鸣叫。其主要以昆虫为食，尤其爱吃各种农业害虫，因此对人类而言白鹡鸰算是一种农业益鸟。水边是它们活动和觅食的主要场所，可能是因为水边除了双翅目（蚊子、苍蝇）等昆虫数量较多之外，也更加空旷，让它们的捕食成功率更高。

鹡鸰亲属可区分

鹡鸰属在我国有多位成员，其中白鹡鸰、黄鹡鸰（手绘图展示）与灰鹡鸰都是广东省较常见的鹡鸰种类，但黄鹡鸰和灰鹡鸰多在乡野郊外和山地出没，极少在城市中出现。这二者外形相似，可以凭借以下两个特征来区分它们：一是脚的颜色，灰鹡鸰脚呈粉灰色，黄鹡鸰脚呈黑色；二是背部颜色，灰鹡鸰背呈灰色，而黄鹡鸰背呈橄榄绿色。

灰鹡鸰背呈灰色

黄鹡鸰背呈橄榄绿色

斑 文 鸟 *Lonchura punctulata*

小巧斑纹建筑师

科目 | 雀形目 梅花雀科　居留型 | 留鸟　保护级别 | “三有”保护动物

小巧活泼善隐藏

斑文鸟因腰腹部羽毛有许多鳞状棕色斑纹而得名。斑文鸟在我国华南和西南地区较为常见，这种小型鸟类常聚集成小群在田间地头集体活动，是一类较为活跃的小型雀类。斑文鸟比麻雀更小，它们可以在树丛、草丛中更灵活地穿行。浅褐的羽色是它们的保护色，使其能更好地隐藏在干草丛中。

坚实谷物轻松破

斑文鸟喜食各类坚硬的植物果实和种子，因此常能在稻田附近发现它们。粗短而有力的喙如老虎钳一般，能帮助它们轻松地咬碎禾本科等植物种子的种壳，是它们重要的觅食工具。在繁殖季节前，斑文鸟也会取食昆虫补充蛋白质。

群聚的斑文鸟

精巧的建筑师

斑文鸟令人印象深刻的喙除了适合取食外，也能做细致的编织工作。繁殖季节，雌、雄斑文鸟会齐心协力花上几天到十几天的时间在树枝上筑巢。它们的巢由四处收集来的枯草编织而成，呈中空的近球状或瓶状，仅有一个小进出口，能较好地保护卵和幼鸟。著名的编织鸟是鸟类中的“建筑师”，而斑文鸟的筑巢工艺与其相比毫不逊色，有“小编织鸟”的称号。

麻 雀 *Passer montanus*

小小雀鸟伴人居

鸣禽

科目｜雀形目 雀科 **居留型**｜留鸟 **保护级别**｜“三有”保护动物

乡村常见种类多

相信许多读者对鸟类最初的认识并非来自那些警惕性较高、需要望远镜才能观察的鸟，可能来自一些常见的鸟类，比如麻雀。其实“麻雀”只是个泛称，可以指代麻雀属（*Passer* spp.），该属在我国有5名成员——麻雀、家麻雀、山麻雀、黑顶麻雀和黑胸麻雀。但在专业观鸟人眼里，“麻雀”一词一般仅用于称呼其中的麻雀。麻雀小巧而灵活，除了擅长快速飞行，也常在地面跳跃着活动。其左右脸颊各有一块黑斑，像长了两丛络腮胡，从头背到双翼的褐色由深变浅，上面散布着一些黑色斑点。至于“麻雀”一名的由来，则是由于其体色与麻绳或亚麻的颜色相似。它们是与人类伴生的鸟类，常栖于居民点和田野附近，在广东的市区易见度略低。

见缝插针筑鸟巢

麻雀在筑巢时，并未选择打造、构筑精致的碗状巢，而是直接寻找现成的洞和缝隙，墙缝、水管、排气管、空调外机架或任何大小适宜的空隙，都可能成为它们的巢址，有时它们还会占领家燕的窝巢。选好址后，它们便把能收集到的纤维质巢材——棉花团、鸟羽、破布、棕丝、蜘蛛网、毛团、枯草茎、纺线等物件一股脑地塞进空隙，再用胖乎乎的身子压实，简单地筑一个麻雀巢，保证它们能够高效地繁殖。另外，杂食性也保证了它们有更多的食物来源。在山野或乡村，它们主要以草籽及谷物为食，在城市中又可以捡食人类的食物残渣。繁殖季节，麻雀为了补充更多的蛋白质，又以昆虫为主要的食物，保证了营养摄入。

喜食谷物也捕虫

麻雀喜集群活动，通常它们会结小群，这样的活动方式对它们御敌、觅食都有益处。秋季，也偶见成百上千集结的大群。麻雀是杂食性鸟类，成鸟喜食草籽，尤其是谷物，在收获季节农民为了防范这些小小的“偷食者”，常会在田野中用干稻草扎成人形，即“稻草人”来守护稻田。但因麻雀幼鸟喜食昆虫，在繁殖季节，成鸟每天要捕捉大量昆虫喂养后代，减少了蝗虫等农业害虫对农业生产的破坏。

柑橘树上的麻雀

假臭草丛中的蓝喉蜂虎

Chapter 8

观鸟指南

观鸟，主要观察的是鸟类美丽的外形及悦耳的鸣声，不过也别忘了观察它们的觅食、求偶、营巢、育雏、迁徙等行为，以及它们的生境。如果你在自然环境里，拿起一副望远镜，以纯粹欣赏的态度对鸟类进行观察和记录，那么你就正式踏入了观鸟的世界。

观鸟地点

1．住宅区

观鸟初学者可以从住宅区开始尝试观鸟，这是最方便的观鸟场所。住宅区内环境开阔，有一定的绿植、水源和筑巢环境，能够基本满足一些鸟类的栖息要求。在这里能观察到暗绿绣眼鸟、红耳鹎、家燕、鹊鸲、乌鸫、长尾缝叶莺等常见鸟。如果社区里有小面积的水源，还有机会观察到普通翠鸟、白鹡鸰等喜水的鸟类。

2．城市公园和校园

城市公园和校园是不出远门就能观鸟的好场所。这里是城市中的绿洲，生境相比于社区更多样，鸟的种类也更丰富。除了住宅区常见鸟类，还能观察到各种鸣禽，如白头鹎、大山雀、叉尾太阳鸟等，运气好时还能碰见红嘴蓝鹊、黑领椋鸟，有时候还会遇到领角鸮、斑头鸺鹠等小型猛禽。

3．自然保护地和湿地

国家公园、自然保护区、自然公园等自然保护地是观鸟的理想环境。这里生境丰富、植被类型多样，为各种鸟类，尤其是一些珍稀濒危鸟类提供了少人打扰的栖息场所。湿地生活着大量水鸟，在冬春季节有迁徙的候鸟聚集，非常适宜进行水鸟观察。2018年评选出的“广东省十佳观鸟胜地”（表8-1）更是观鸟的极好去处。近年来，广东各地持续举办各类观鸟活动，公众均可报名参与。大家可以通过“广东林业”微信公众号或“广东省自然保护地公共服务粤省事小程序”预约观鸟活动。

表8-1　广东十佳观鸟胜地

序号	名称	地市
1	广东南岭国家级自然保护区	韶关
2	广东海丰鸟类省级自然保护区	汕尾
3	广东内伶仃—福田国家级自然保护区	深圳
4	广东湛江红树林国家级自然保护区	湛江
5	广东珠海淇澳—担杆岛省级自然保护区	珠海
6	广东南澳候鸟省级自然保护区	汕头
7	茂名电白水东湾红树林湿地	茂名
8	肇庆星湖国家湿地公园	肇庆
9	阳江阳西县北寮村红树林湿地	阳江
10	南沙滨海湿地景观	广州

城市公园中观鸟

沿海滩涂观鸟

观鸟时间

广东在不同的季节可以观赏不同的鸟类。留鸟一年四季都能观察到，候鸟则要在特定的季节或月份才能与其邂逅。许多过境的珍稀鸟类，很多时候只有几天到几周的时间能在广东观察到。

对于观鸟初学者而言，每年的候鸟迁徙季（10月至次年3月）是最好的观鸟时期，这时有许多候鸟来到广东境内，在湿地有较多大型的水鸟，适合初学者练习观鸟技巧和体验观鸟的乐趣。其次是每年4—5月，这时鸟类多处于繁殖期，活动力强，鸣叫频繁，还有求偶、育雏等不同行为可观察，而且此时枝叶不如夏季繁茂，更加易于辨认。

昼行性鸟类在清晨（日出后两小时）和傍晚（日落前两小时）最活跃，在这两个时间段观察它们最为合适。夜行性的鸟类如猫头鹰、夜鹰等，则需要在入夜后进行观察。观察冬季水鸟，则需要注意潮汐水位，潮汐水位达到海基面0.5～1.2米时是最佳观测水位。水鸟在泥滩上觅食，逐潮水进退，当潮水上涨淹没泥滩时，多数水鸟会飞往他处。

小档案｜

鸟类怎么睡觉？

不同的鸟类睡觉的地点、时间、姿态都不一样。在繁殖季节，成鸟一般会选择回到巢穴俯卧休息，孕育和陪伴后代。因每天要大量觅食，睡觉时间较短，这种状况会持续到雏鸟离巢。在非繁殖季节，鸟类睡觉有以下特点。

①睡觉地点：多数鸟类选择在树上睡觉（白鹇），也有些在草丛中（小云雀）、电线上（金腰燕）、石缝（麻雀）、岸边（勺嘴鹬）、浅水处（黑脸琵鹭）或水面（天鹅）睡觉。

②睡觉时间：多数鸟类天黑即眠，天明即起，也有的白天睡觉（夜鹰），有的边飞边睡（北京雨燕）。多数鸟类每天大约睡8小时，有的能睡上20小时（几维鸟），有的睡觉时间不足1小时（欧椋鸟），还有的可以飞行几天再睡觉［斑尾塍（chéng）鹬］。

③睡觉姿态：多数鸟类闭上双眼睡觉，也有的睡觉时睁一眼闭一眼（猫头鹰），有的双脚站立（普通鵟、红耳鹎），有的单脚站立并将嘴巴埋在翅膀下（火烈鸟、绿头鸭），有的趴着、缩着头（鹌鹑），有的趴着、将头颈放在地上（鸵鸟），还有的将身体倒挂着（蓝冠短尾鹦鹉）。

躲藏在树冠中睡觉的雄性白鹇

单脚站立睡觉的火烈鸟

观鸟工具

大多数鸟类害羞而机敏，为了避免在观察时过度打扰到它们，我们需要与它们保持较远的距离，因此望远镜是观鸟的必备工具。观鸟常用的望远镜有两种——双筒望远镜和单筒望远镜，可根据观鸟的需要进行选择（表8-2）。双筒望远镜，通常选择放大倍数为8～10倍、物镜直径为30～42 mm的望远镜；单筒望远镜，通常选择放大倍数为30～70倍，物镜直径为65～95 mm的望远镜。如果想拍摄鸟类，则需要配备一个长焦相机，长焦相机可以选择焦段为300～1 200 mm的定焦镜头或变焦镜头，常用焦距为400～600 mm，定焦镜头通常加装增倍镜使用。

表8-2　望远镜的种类及特点

望远镜种类	特点	适用情境
双筒望远镜	小巧轻便、放大倍数低	随走随停的森林、海岸步道徒步观察，可观测较为活跃的林鸟
单筒望远镜	体积、重量大，需配合三脚架使用，放大倍数高	适合在鸟类常活动的区域定点观察，可观测较为稳定的水鸟

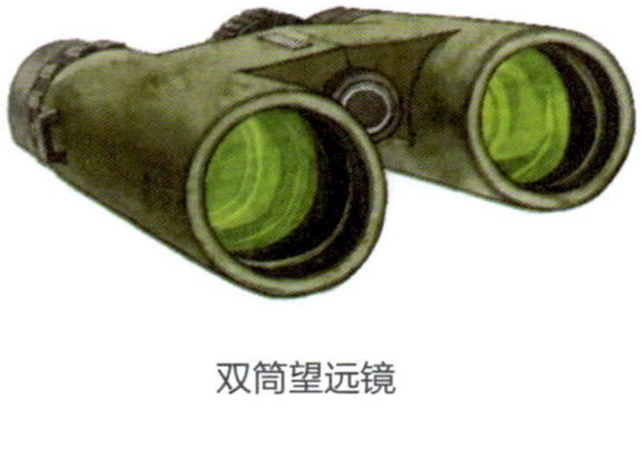

双筒望远镜

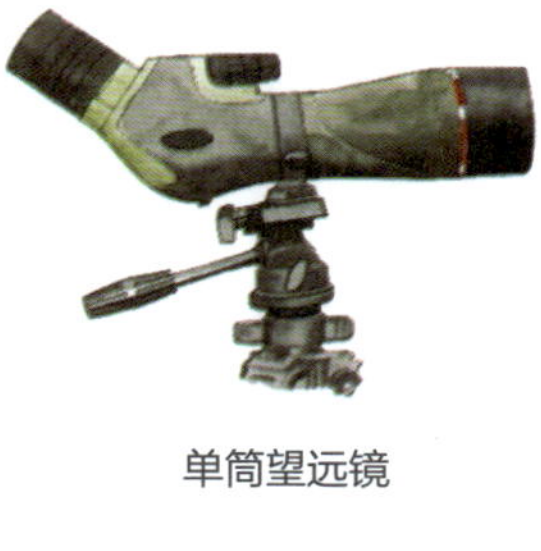

单筒望远镜

除了配备必要的观鸟设备，还可以准备观鸟手册、鸟类图鉴等工具书，用于辨认鸟类，或者借助“懂鸟”等微信小程序进行鉴别。如果想要做观鸟笔记，可以准备笔记本，也可以借助做记录的网站、小程序或手机App进行实时记录并上传数据，如中国鸟类记录中心、中国观鸟记录中心等。

工具书

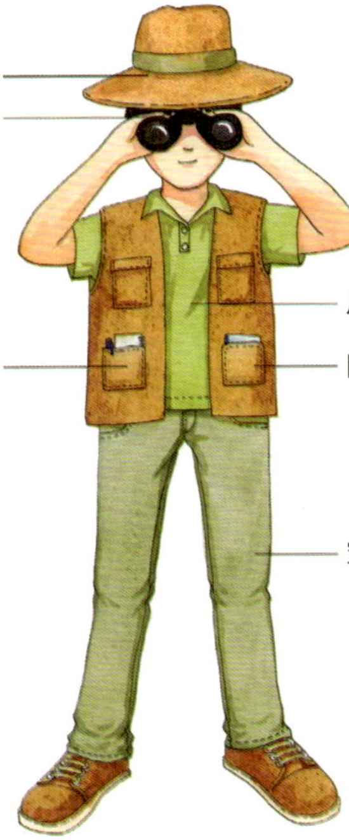

常规观鸟的衣着

观鸟衣着

1. 避免鲜艳服饰

由于鸟类视觉敏锐，它们大多对鲜艳的颜色较为敏感，在观鸟时要尽量穿与周围环境颜色相近的户外服装。衣物最好有较大的口袋，以便放置笔记本和工具书。

2. 做好防护准备

观鸟是一种长时间的户外活动，需要考虑防晒、防雨、防蚊虫叮咬等轻微的户外不利因素。天气寒冷时，还需准备较厚的衣服，注意防风及保暖。

湿地观鸟的衣着

观鸟守则

观鸟是一种认识自然的户外活动。我们在观鸟过程中，除了要观察记录和学习鸟类的相关知识，还要学会尊重自然，在观鸟时须遵循以下原则。

1. 不干扰鸟类的正常活动

在观鸟时要与鸟类保持适当的距离，不与鸟类密切接触，不进行诱拍、摆拍，更不能破坏鸟类的巢穴和栖息地。

2. 保护公共设施，遵守相关规定

在观鸟时，不能随意践踏农田和破坏公共设施。在自然保护地内进行观鸟活动时，要遵守保护地的相关管理规定。

3. 保护自然环境

观鸟活动结束后要将产生的垃圾带走，避免破坏鸟类家园。

鸟类救助

1. 有关鸟类保护的法律与条例

《中华人民共和国野生动物保护法》对野生鸟类实行分类分级保护，禁止进行非法捕猎、杀害、人工繁育、出售、购买、利用、运输、携带、寄递及食用的行为。

广东省保护所有野生鸟类，重点保护列入《国家重点保护野生动物名录》《广东省重点保护陆生野生动物名录》《有重要生态、科学、社会价值的陆生野生动物名录》3个名录的鸟类。即国家重点保护一级、二级鸟类，广东省重点保护鸟类和“三有”保护鸟类，它们都在法律保护的范围内。

2. 如何救助野生鸟类

遇到受伤的鸟类，尤其是雏鸟，切勿擅自带回家中进行人工饲养。由于人工喂养难以满足鸟类所需的营养，往往难以使其存活。同时，不恰当的救助方式会对鸟类造成进一步伤害，也可能危及人类自身安全。此外，擅自饲养野生鸟类的行为在某些情况下可能触犯法律。因此，应根据不同的情况采取恰当的救助措施（表8-3、表8-4）。

表8-3　野生鸟类的救助措施

类型	状态	救助措施
健康且长有羽毛的雏鸟	具有短距离飞行能力，蹦跳自如	不需要干预，等待亲鸟将其带走。
健康但没有长羽毛的雏鸟	没有飞行能力，不慎从巢中掉落	（1）落巢属于正常淘汰，可以在附近寻找雏鸟的鸟巢，如鸟巢完好，将其送回巢中，也可遵循自然法则不予干涉。 （2）如果鸟巢已被破坏，使用纸箱等合适的材料制作一个开口的人工鸟巢，铺放干草、旧巢的巢材等，并将其挂在发现雏鸟附近的树上。 （3）观察亲鸟是否回到鸟巢附近。 （4）如果亲鸟没有返回，联系当地野生动物救护机构。
受伤或虚弱的鸟类	有明显外伤或者精神虚弱（如流血、翅膀耷拉、身体颤抖）	（1）联系当地野生动物救护机构。 （2）暂时安置受伤鸟类的方法：①选择一个大小合适的纸箱子安放鸟类；②喂少量水；③尽量不要投喂食物；④在接触鸟类时，要做好相关的安全防护（佩戴手套、口罩等）。

表8-4　广东地区部分野生动物救护机构及联系电话

名称	联系电话
广东省野生动物监测救护中心	020-87953165
广州市野生动物救护中心	020-83762853
深圳市野生动物救护中心	0755-23737770
肇庆市濒危野生动物救护中心	0758-2269193/0758-2797803
潮州市野生动物救护中心	0768-2217200
茂名市野生动物救护中心	0668-2320928
佛山市野生动物救护中心	0757-88836939
韶关市野生动物救护中心	0751-8221462

备注：除表中的联系方式外，也可以通过拨打114或12345转接属地的动物救护机构。

观鸟记录

每一次开展鸟类观察，可填写观察记录表（见“补充材料”），也可以将鸟类观察记录上传到公开的网络数据库，为鸟类学家提供研究数据。每一条记录详尽的观察信息，都将促进对鸟类的科研与保护。

对观察到的鸟类进行鉴定与记录

小档案｜

人工智能（AI）助力“鸟口普查”

人工智能（AI）在鸟类调查监测工作中发挥了重要的作用。目前，许多自然保护地的鸟类多样性调查监测采用“AI鸟类智慧识别监测系统”，具有视频接入、监测管控、图片管理、鸟类名录、统计分析等一体化功能。该系统的核心技术是基于大量的鸟类图像、视频和声音数据，形成鸟类智能识别算法，实现高效的鸟类识别与记录工作。

白腿小隼

Chapter 9

补充材料

黑色、白色，这是飞羽的颜色；
鸟儿，那枝头的一对小精灵。

鸟类观察记录表

观察人：____________　日期：____________　天气：____________

出发时间：____时____分　结束时间：____时____分　第____页，共____页

观察地点：____

观察路线编号：____________　路线长：____________米

路线起点坐标：东经____________北纬____________　海拔：____________米

路线终点坐标：东经____________北纬____________　海拔：____________米

序号	鸟种	数量（只）	鸟类行为或痕迹						地理坐标	海拔（米）	发现时间（时、分）	栖息地类型	备注
			飞行	鸣叫	觅食	筑巢	足迹	羽毛					

注：①栖息地类型包括沿海滩涂、红树林、内陆湖泊、岛屿、森林、林下溪谷、农田、城市公园等。

②备注可以对鸟和、栖息地的详细信息进行记录。

③本表参考《自然保护区陆生野生脊椎动物物种多样性调查与监测技术规范（DB44/T 1786—2015）》编制。

首字母检索表

图片检索表

绿头鸭 /24

斑嘴鸭 /27

小䴙䴘 /30

红嘴鸥 /34

普通鸬鹚 /38

白胸苦恶鸟 /42

反嘴鹬 /45

勺嘴鹬 /48

黑脸琵鹭 /51

夜鹭 /54

池鹭 /56

牛背鹭 /59

苍鹭 /62

白鹭 /66

海南鳽 /70

黑鸢 /74

普通鵟 /78

斑头鸺鹠 /81

褐翅鸦鹃 /86

噪鹃（雄）/90

蓝喉蜂虎 /92

普通翠鸟 /96

斑鱼狗 /100

黑眉拟啄木鸟 /103

黄腹角雉（雄）/108

白鹇 /112

环颈雉（雄）/115

山斑鸠 /118

珠颈斑鸠 /120

赤红山椒鸟（雄）/124

黑卷尾 /126

棕背伯劳 /130

喜鹊 /134

红嘴蓝鹊 /137

大嘴乌鸦 /141

大山雀 /144

长尾缝叶莺 /148

家燕 /152

金腰燕 /155

红耳鹎 /157

白头鹎 /161

白喉红臀鹎 /165

暗绿绣眼鸟 /169

黑领噪鹛 /172

画眉 /175

八哥 /178

黑领椋鸟 /181

鹊鸲（雄）/188

乌鸫 /184

北红尾鸲（雄）/192

紫啸鸫 /186

叉尾太阳鸟（雄）/195

白鹡鸰 /198

斑文鸟 /202

麻雀 /205

名词注解

灰喜鹊

生态类群：指生态行为相似的生物种群组合。鸟类生态类群的区分依据为形态特征、生境和生活习性。

生态位：指一个物种在群落中的地位或作用，包括所处的空间位置，占用资源的情况，以及与其他物种的关系等。

互利共生：指两种不同的生物共同生活在一起，相互依存，彼此有利的一种种间关系。

鸟类的发育阶段：可分为雏鸟、幼鸟、亚成鸟、成鸟四个阶段。其中，幼鸟和亚成鸟两个阶段，常统称为未成年鸟。不同的鸟类，亚成鸟阶段的周期不同。有些鸟类性成熟早，如雀形目鸟类的幼鸟换羽后直接成为成鸟；有些鸟类性成熟晚，如银鸥要4年，鹱（hù）类要7～8年才能换羽成为成鸟。

雏鸟：指未发育完全，全身无羽毛或仅有绒毛，不能独立生活的鸟。

幼鸟：经过第一次换羽，体表长出正常体羽至离巢后开始独立生活阶段的鸟。

亚成鸟：一周岁以上的还未成熟但接近成熟的鸟。

成鸟：完全成长、已经有生育能力的鸟。

喜鹊

跗跖：鸟类的腿以下到趾之间的部分，通常没有羽毛，表皮角质鳞状，即爪和腿之间无羽毛覆被的部分。跗包括脚背和足上跗骨，跖主要为脚掌，雉科雄鸟的跗上常长有一个尖锐的角质凸起，称为“距”，能用于自保和与同性争斗。

嗉囊：脊椎动物鸟类食管的后段暂时贮存食物的膨大部分。食物在嗉囊里经过润湿和软化，再被送入前胃和砂囊，有利于消化。

繁殖羽：鸟类在繁殖期的羽毛，也有“婚羽”和“夏羽”之称。雄鸟毛色会比较鲜艳；雌鸟通常不会长出明亮的羽毛，但也同样会经历换羽的过程。

非繁殖羽：即繁殖期过后换上的羽毛，颜色相比繁殖羽会较为暗淡。

雌雄二型：同种动物的雌雄个体，在个体大小、体型、体色等形态结构方面存在明显差异。

体长：将鸟仰放在平面上，自然状态下前伸的嘴端至尾端的长度。